Schnelleinstieg SAP® SuccessFactors – Employee Central mit Recruiting und Learning

Stefan Endrejat
Udo Walsch

Willkommen bei Espresso Tutorials!

Unser Ziel ist es, SAP-Wissen wie einen Espresso zu servieren: Auf das Wesentliche verdichtete Informationen anstelle langatmiger Kompendien – für ein effektives Lernen an konkreten Fallbeispielen. Viele unserer Bücher enthalten zusätzlich Videos, mit denen Sie Schritt für Schritt die vermittelten Inhalte nachvollziehen können. Besuchen Sie unseren YouTube-Kanal mit einer umfangreichen Auswahl frei zugänglicher Videos:

https://www.youtube.com/user/EspressoTutorials.

Kennen Sie schon unser Forum? Hier erhalten Sie stets aktuelle Informationen zu Entwicklungen der SAP-Software, Hilfe zu Ihren Fragen und die Gelegenheit, mit anderen Anwendern zu diskutieren:

http://www.fico-forum.de.

Eine Auswahl weiterer Bücher von Espresso Tutorials:

- Margret Fischer: Fit für Ihre IT-Karriere *http://5060.espresso-tutorials.com*
- Udo Walsch, Lars Möller, Jürgen Schmitz: Praxishandbuch SAP®-Zeitwirtschaft (HCM-PT) *http://5120.espresso-tutorials.de*
- Marcel Schmiechen: Berechtigungen in SAP® ERP HCM – Einrichtung und Konfiguration *http://5160.espresso-tutorials.de*
- Marcel Schmiechen: Berechtigungen in SAP® ERP HCM – Erweiterung und Optimierungen *http://5161.espresso-tutorials.de*
- Wolf Kanngießer: Formulargestaltung in SAP® HCM – PDF-Formulare mit HR Forms erstellen *http://5198.espresso-tutorials.de*
- Stefan Endrejat: Personalabrechnung und Administration mit SAP® ERP HCM (SAP HR) *http://5201.espresso-tutorials.de*
- Wolf Kanngießer: Schnelleinstieg in SAP® HCM *http://5267.espresso-tutorials.de*

Bibliografische Information der Deutschen Nationalbibliothek
Die Deutsche Nationalbibliothek verzeichnet diese Publikation in der Deutschen Nationalbibliografie; detaillierte bibliografische Daten sind im Internet unter https://portal.dnb.de abrufbar.

Stefan Endrejat, Udo Walsch
Schnelleinstieg SAP® SuccessFactors – Employee Central mit Recruiting und Learning

ISBN: 978-3-960128-48-9

Lektorat: Petra Schweitzer

Korrektorat: Melanie Günther

Coverdesign: Philip Esch

Coverfoto: © adragan | Nr. 216775884 – stock.adobe.com

Satz & Layout: Tanja Jahns

1. Auflage 2020

URL: *www.espresso-tutorials.de*

Feedback:
Wir freuen uns über Fragen und Anmerkungen jeglicher Art. Bitte senden Sie diese an: *info@espresso-tutorials.com*.

Inhaltsverzeichnis

Vorwort

Im Dezember 2011 hat die SAP SuccessFactors übernommen und in ihre Produktlandschaft integriert. Mit dieser Übernahme hat sich auch die Strategie bezüglich der Personalsoftware im Hause SAP geändert, und das bisherige *HCM*-System innerhalb der *ERP*-Suite wurde aufgekündigt. Die Wartung für das bestehende System soll 2025 auslaufen, doch mit einer Migration auf ein S/4Hana-System kann es dann noch bis 2030 weiterbetrieben werden. Trotz aller Vermutungen, dass die Jahreszahlen seitens der SAP noch einmal nach hinten verschoben werden, ist und bleibt die Strategie, die Personalsoftware als »Software as a Service«-Produkt in die Cloud zu heben.

Für viele Kunden bedeutet das, dass sie sich langsam auf den Weg machen und entsprechende Projekte zur Umstellung bzw. Einführung starten müssen. Vor diesem Hintergrund entstand nun das vorliegende Buch. Es ist aus unserer Erfahrung mit den Einführungsprojekten der beschriebenen Module entstanden und soll Sie dazu befähigen, den vorgegebenen Weg sicher begehen und fundierte Entscheidungen treffen zu können.

Es gibt mehrere Möglichkeiten, bestehende Anwendungen aus HCM in die *SuccessFactors Cloud* zu überführen. Die SAP unterscheidet verschiedene Ansätze – vom *Talent Hybrid*, bei dem sich lediglich die Talent-Management-Module in der Cloud befinden, bis hin zur *Full Cloud*, bei der alle HCM-Anwendungen in der SuccessFactors Cloud liegen. Der richtige Weg ist unternehmensspezifisch und nicht zuletzt davon abhängig, welche Module der On-Premise-Lösung von SAP HCM bereits im Einsatz sind.

In unseren Projekten haben wir uns für die Einführung von *Employee Central* mit Recruiting und *Learning* entschieden. Dies bietet die Möglichkeit einer Harmonisierung der Stammdaten durch Employee Central und den Vorteil vorgefertigter Prozesse und einer fertigen IT-Infrastruktur innerhalb der Cloud-Software. Gerade diese ist für das Recruiting unerlässlich und ermöglicht es Ihnen, sowohl interne als auch externe Mitarbeiter in das Learning einzubinden. Wir beschreiben in diesem Buch also nur jene Module, die wir bereits kennen und zu denen wir fundierte Informationen liefern können.

Zunächst gibt das Buch einen Überblick über die möglichen Architekturen, um dann in Kapitel 3 auf die Projektherangehensweisen einzugehen.

Kapitel 4 beschreibt die tägliche Arbeit mit Employee Central und die damit zusammenhängenden Berechtigungen.

Das darauffolgende Kapitel 5 zeigt Ihnen auf, welche Einstellungen Sie in Employee Central vornehmen können, um das System nach Ihren Vorstellungen anzupassen.

Kapitel 6 widmet sich dann dem Recruiting-Modul mit all seinen Anpassungsmöglichkeiten und einer kurzen Beschreibung der beteiligten Rollen.

Im letzten Kapitel wird das Modul Learning aus Sicht der verschiedenen am Weiterbildungsprozess beteiligten Anwender beschrieben. Außerdem zeigen wir Ihnen, wie Sie das Modul an unternehmensspezifische Anforderungen anpassen können.

Wir hoffen, Ihnen mit dem Buch auf dem Weg in die neue »Personalwelt« von SAP behilflich sein zu können und danken all jenen, die uns bei unserer eigenen Umstellung auf SuccessFactors begleitet haben. Ohne sie wäre es uns nicht möglich gewesen, dieses Buch zu schreiben.

In den Text sind Kästen eingefügt, um wichtige Informationen besonders hervorzuheben. Jeder Kasten ist zusätzlich mit einem Piktogramm versehen, das diesen genauer klassifiziert:

Hinweis

Hinweise bieten praktische Tipps zum Umgang mit dem jeweiligen Thema.

Beispiel

Beispiele dienen dazu, ein Thema besser zu illustrieren.

Achtung

Warnungen weisen auf mögliche Fehlerquellen oder Stolpersteine im Zusammenhang mit einem Thema hin.

Die Form der Anrede

Um den Lesefluss nicht zu beeinträchtigen, wird im vorliegenden Buch bei personenbezogenen Substantiven und Pronomen zwar nur die gewohnte männliche Sprachform verwendet, stets aber die weibliche Form gleichermaßen mitgemeint.

Hinweis zum Urheberrecht

Sämtliche in diesem Buch abgedruckten Screenshots unterliegen dem Copyright der SAP SE. Alle Rechte an den Screenshots hält die SAP SE. Der Einfachheit halber haben wir im Rest des Buches darauf verzichtet, dies unter jedem Screenshot gesondert auszuweisen.

1 Einleitung

Dieses Buch soll Ihnen einen ersten Einstieg in das System SuccessFactors vermitteln. Nachdem das System aus vielen einzelnen Modulen besteht und die Beschreibung aller Module den Umfang des Buches sprengen würde, konzentrieren wir uns hier auf die Grundlage für alle Daten, das Modul Employee Central, sowie auf zwei weitere wichtige Module, nämlich Recruiting und Learning. Recruiting bringt neue Mitarbeiter ins Unternehmen ein, und durch Learning werden die Mitarbeiter befähigt, zukünftige Herausforderungen zu meistern.

Sprachen

SuccessFactors ist ursprünglich ein amerikanisches Produkt. Mittlerweile ist es zwar Teil der SAP, doch die Sprache rund um das Thema SuccessFactors bleibt weiterhin vorwiegend Englisch. Dies zeigt sich zum Beispiel darin, dass die SAP Artikel zu SuccessFactors überwiegend nur in Englisch veröffentlicht und auch erwartet, dass Tickets zum System auf Englisch verfasst werden. Auch findet man kaum eine Beschreibung zu dem System auf Deutsch. Es wird daher empfohlen die Anpassungen des Systems in Englisch vorzunehmen. Für den besseren Lesefluss werden hier die deutschen Aktionsnamen verwendet. Die jeweilige englische Entsprechung wird in Klammern mit angegeben.

2 Mögliche Architekturen

In diesem Kapitel zeigen wir Ihnen, wie SuccessFactors aufgebaut ist und welche Varianten zur Anbindung weiterer Systeme möglich sind.

2.1 SuccessFactors-Module

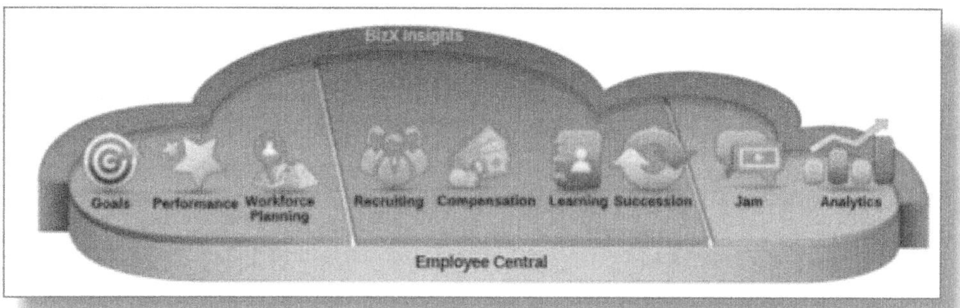

Abbildung 2.1: Überblick über die SuccessFactors-Module

Wie Sie aus dem Überblick in Abbildung 2.1 entnehmen können, bildet *Employee Central (SF-EC)* die Grundlage für alle weiteren Module. Es ist daher ratsam, SF-EC mit Daten aus den bisherigen Systemen zu versorgen und aktuell zu halten oder, besser noch, SF-EC zum führenden System zu ernennen und die »Altsysteme« mit den Daten aus SuccessFactors zu versorgen.

2.2 SuccessFactors allein (nur Cloud)

Aus Abbildung 2.1 wird ersichtlich, dass SuccessFactors eigentlich alles bietet, was für die Verwaltung von *Mitarbeiter-Stammdaten* benötigt wird.

SuccessFactors beinhaltet sogar eine Entgeltabrechnung und ein Zeitwirtschaftsmodul, sodass die Lösung eigenständig, d.h. ohne angebundene Systeme, eingesetzt werden kann.

Komplexität der eigenen Zeitwirtschaft und Entgeltabrechnung

Bevor Sie sich für eine Komplettumstellung entscheiden, sollten Sie prüfen, ob die Anforderungen an Ihre Entgeltabrechnung und Ihre Zeitwirtschaft mit dem aktuellen Stand der SuccessFactors-Lösungen abbildbar sind. Zurzeit gibt es dort noch einige Einschränkungen, die in anderen Abrechnungs- und Zeitwirtschaftssystemen nicht existieren.

2.3 SuccessFactors und SAP HCM (Hybrid)

Die einfachste Variante, ein Altsystem mit SuccessFactors zu koppeln, ist die Anbindung der HCM-Komponente des *SAP-ERP-Systems*. Hier bietet die SAP mittlerweile viele vorgefertigte Schnittstellen, die nur noch auf die eigenen Daten abgestimmt werden müssen. In diesem Fall spricht man von einem *Hybrid-System.*

Aufwand für die Integration

Unterschätzen Sie den Aufwand für die Integration der beiden Systeme nicht. Investieren Sie hier ausreichend Zeit in die Vorbereitung der Anbindung und die Tests für die Datenreplikation.

2.4 SuccessFactors und andere Systeme

Grundsätzlich lässt sich SuccessFactors auch mit anderen Systemen koppeln. Im Gegensatz zum *SAP-HCM-System* sind Sie bei der Anbindung anderer Systeme auf sich allein gestellt. Sie müssen die Schnittstellen selbst entwickeln oder mit regelmäßigem Datei-Austausch (Export und Import der Daten) arbeiten.

3 Herangehensweise an ein Projekt mit SuccessFactors

In diesem Kapitel möchten wir Ihnen einige Voraussetzungen für die erfolgreiche Umsetzung von SuccessFactors-Projekten nennen. Die beschriebenen Vorgehensweisen erheben keinen Anspruch auf Vollständigkeit, und auch andere Wege können durchaus zum Erfolg führen. Die Darstellung basiert rein auf den Erfahrungen der Autoren.

3.1 Benötige ich einen Implementierungspartner?

Diese Frage ist in jedem Fall mit »Ja« zu beantworten. Es gibt in SuccessFactors nach wie vor Einstellungen, die ausschließlich im sogenannten *Provisioning* vorgenommen werden können. Dieses wird seitens der SAP nur für zertifizierte Partner freigeschaltet. Die SAP arbeitet zwar mit Hochdruck daran, dass nach und nach alle Einstellungen kundenseitig bearbeitbar sein werden, das wird jedoch noch einige Zeit in Anspruch nehmen. Da aber auch die derzeit auf Kundenseite bereits verfügbaren *Customizing*-Optionen sehr umfangreich sind, ist es für den Anfang unbedingt geboten, sich auch an dieser Stelle unterstützen zu lassen.

Die Projektherangehensweise über *Iterationen* sorgt dafür, dass sich die Administratoren auf Kundenseite immer besser auskennen und immer mehr im Laufe des Projekts übernehmen können.

Projekt durch Iterationen

Die Vorgehensweise basiert auf sich wiederholenden Projektphasen. Dabei wird das System mit jeder Iteration genauer und feiner an die zugrundeliegenden Prozesse angepasst. D. h., in der ersten Iteration konzentriert man sich auf die Umsetzung von 80 Prozent der unternehmensspezifischen Standardprozesse oder setzt einen bestimmten Schwerpunkt, um dann in den weiteren Iterationen auch die »Sonderfälle« einzubeziehen oder andere Schwerpunkte zu setzen.

3.2 Changemanagement oder »Wie nehme ich meine Mitarbeiter bei einer Veränderung mit?«

Es zeigt sich immer wieder, dass die größte Herausforderung bei Systemumstellungen ist, allen betroffenen Mitarbeitern die damit einhergehenden Veränderungen zu vermitteln. Binden Sie sie daher rechtzeitig – d. h. während des Umstellungs- oder Einführungsprojekts – ein. Gerade wenn Sie bereits ein Personaladministrationssystem im Einsatz haben, wird sich dieses vermutlich grundlegend von SuccessFactors unterscheiden. Mitarbeiter, die später mit dem System arbeiten sollen, müssen schon während der Umstellung darauf vorbereitet werden.

Nehmen Sie sich dafür lieber etwas mehr Zeit, etwa für Einzelgespräche und Workshops, und gehen Sie behutsam vor. In unseren Projekten hat das sehr viel Widerstand abgebaut und aus anfänglichen Skeptikern überzeugte Anwender gemacht.

Ein Sachbearbeiter, der sich nicht mitgenommen fühlt, wird sich mit dem neuen System schwertun, insbesondere solange das »alte« für bestimmte Prozesse noch beibehalten werden muss (z. B. die Personalabrechnung oder die »Positivzeitwirtschaft« in SAP HCM; beide Beispiele werden auf absehbare Zeit noch nicht in SuccessFactors abbildbar sein).

3.3 Best Practices vs. eingespielte Prozesse

Vonseiten der Implementierungspartner und Ihrem SAP-Ansprechpartner für SuccessFactors werden Sie sicher immer wieder etwas von *Best Practices* hören. Dies sind vordefinierte Prozesse, die im System abgebildet sind. Je nach Szenario und Modul handelt es sich um mal mehr, mal weniger, aber in jedem Fall erprobte und durchdachte Prozesse, die es sich anzusehen lohnt. Denn meist sind diese gar nicht so weit von den Prozessen im eigenen Unternehmen entfernt.

Ein Festhalten an den Prozessen aus Ihrem Altsystem kann sich erschwerend auf deren Umsetzung in SuccessFactors auswirken. Überlegen Sie sich vor Abweichungen von den Best Practices gut, ob Sie nicht doch Ihren gewohnten Prozess dem Vorbild entsprechend abändern und somit effizienter gestalten können. Wie bei jeder Software gilt gerade für ein Cloud-Produkt: Halten Sie sich an den Standard, dann bleibt der laufende Wartungsaufwand gering. Denken Sie daran, dass sich SuccessFactors rasant weiterentwickelt. Zweimal im Jahr wird ein neues Release seitens der SAP eingespielt. Die Änderungen durch das Update gilt es zu prüfen und zu testen. Je näher Sie sich am Standard bewegen, umso wahrscheinlicher ist es, dass potenzielle Fehler durch Sie oder andere Kunden gefunden werden. Sind Sie jedoch die Einzigen, die den Prozess komplett anders abbilden, müssen Sie auch mögliche Fehler allein finden.

Gerade eine Neuimplementierung der Personalsoftware bietet die einmalige Chance, bestehende Prozesse auf den Prüfstand zu stellen und anzupassen.

Global Denken – lokal Handeln

Versuchen Sie von Anfang an, einen globalen Ansatz im System zu verfolgen. Lassen Sie sich von allen Standorten die Prozesse beschreiben und übernehmen Sie den Prozess als Standard, der bereits von der Mehrheit der Standorte/Mitarbeiter eingesetzt wird. Abweichungen von diesem Prozess sollten nur in Ausnahmefällen zugelassen werden, z.B. wenn gesetzliche Anforderungen dagegensprechen oder sehr gute und nachvollziehbare Gründe vorliegen. Lassen Sie Aussagen wie »Das brauchen wir eben.« nicht gelten, und bestehen Sie darauf, dass Ihnen die jeweilige Begründung für das Abweichen vom Standard schriftlich vorgelegt wird.

3.4 Anbindung von Non-SAP-Systemen

Für die Anbindung von anderen Systemen steht Ihnen die *HANA Cloud Plattform Integration (HCI)* zur Verfügung. Über sie erfolgt der Austausch der Daten, d. h., SuccessFactors holt die Daten von der HCI ab bzw. liefert sie dorthin Das Ganze geschieht über einen sogenannten *Connector*, der durch Verschlüsselungszertifikate gesichert ist. Wie so etwas aussehen kann, zeigt Abbildung 3.1.

Das Gleiche gilt für die andere Seite, also das System, das über die HCI an SuccessFactors angebunden werden soll. Hierzu benötigen Sie in jedem Fall Spezialisten, die wissen, wie eine gesicherte Verbindung vom anzubindenden System zur HCI einzurichten ist. Die Verbindung von SuccessFactors zur HCI kann dagegen auch vom Implementierungspartner hergestellt werden, da es sich hierbei um eine Standardverbindung für die Kommunikation mit anderen Systemen handelt.

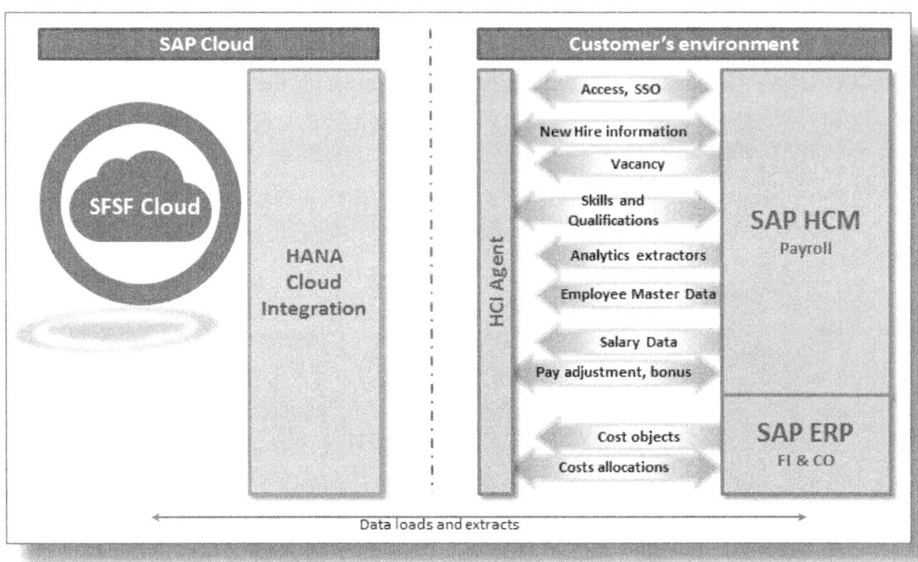

Abbildung 3.1: Verknüpfung der Systeme mittels HCI

Wenn die technischen Voraussetzungen erfüllt sind, müssen ggf. noch die Daten gemappt werden, damit sie im Zielsystem verarbeitet werden können.

An welcher Stelle das *Mapping* erfolgt, ist davon abhängig, inwieweit das anzubindende System auf SuccessFactors vorbereitet ist, d. h., ob in dem System (z. B. in SAP HCM) standardmäßig Schnittstellen zu SuccessFactors vorgesehen sind.

Mapping

Unter Mapping versteht man das Gegenüberstellen der Schlüsselwerte des ersten Systems mit den Schlüsselwerten des zweiten Systems.

4 Arbeiten mit Employee Central

In diesem Kapitel erfahren Sie, wie Sie in Employee Central (EC) arbeiten und welche Möglichkeiten Sie nutzen können, um die verschiedenen Benutzerrollen effektiv mit den benötigten Informationen zu versorgen.

Employee Central ist der zentrale Teil von SuccessFactors. Hier werden die Stammdaten verwaltet, die in den anderen Modulen benötigt und dort entsprechend zur Verfügung gestellt werden.

Der Einstieg erfolgt über die Startseite von SuccessFactors. Auf dieser ist der Absprung zu den wichtigsten Informationen für den Mitarbeiter zu finden. Diese sind nach Funktionen gruppiert und meist direkt über den Aufruf der jeweiligen Kachel erreichbar. Abbildung 4.1 zeigt Ihnen eine typische Startseite.

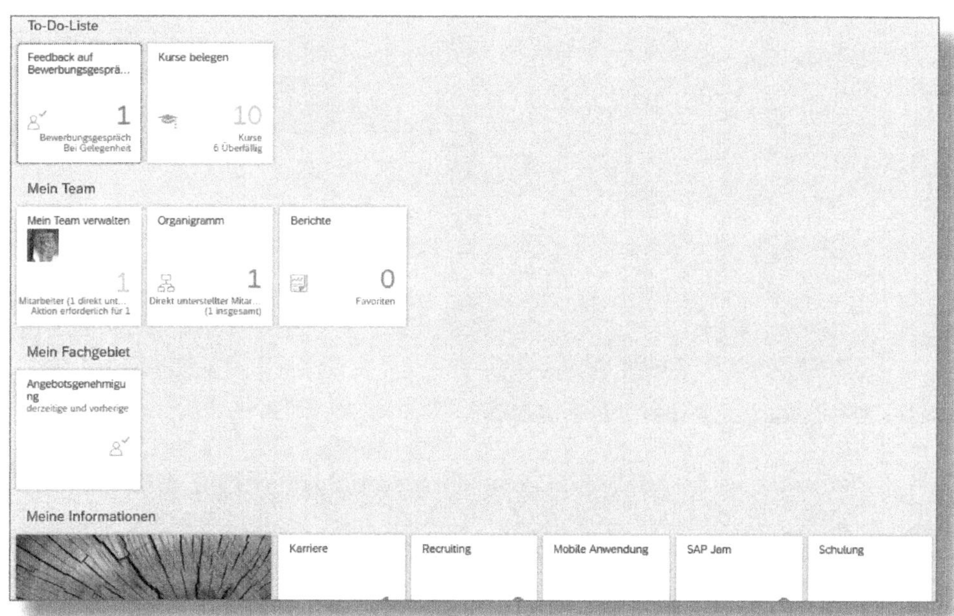

Abbildung 4.1: Startseite EC mit Kacheln

Je nach *Berechtigungen* und Ausprägung des Systems können Sie von hier über die Kacheln oder das Auswahlmenü in die weiteren Bereiche von EC sowie in die anderen Module von SuccessFactors abspringen. Mit Klick auf den kleinen Pfeil neben Startseite öffnen Sie das Auswahlmenü (siehe Abbildung 4.2).

Abbildung 4.2: Auswahlmenü öffnen

Hier ist es sogar möglich, in komplett andere Systeme, wie z. B. eine digitale Personalakte, abzuspringen. Dazu müssen Sie aber erst eine eigene Kachel erstellen. Wie Sie dabei vorgehen, wird in Abschnitt 5.2.8 beschrieben.

Über das Suchfeld rechts oben (links neben Ihrem Anmeldenamen) können Sie Personen und Aktionen suchen und Letztere dann auch ausführen (siehe Abbildung 4.3).

Abbildung 4.3: Suchfeld für Aktionen oder Personen

4.1 Das Proxy-Konzept

SuccessFactors baut darauf auf, dass ein Benutzer (sofern er dazu berechtigt ist) als Vertreter für einen anderen Benutzer im System arbeiten kann.

Das bietet den Vorteil, dass die Administration der Daten bzw. deren Anpassung einerseits von einem oder mehreren sogenannten *technischen Benutzern* vorgenommen werden kann, die mit entsprechend zugeschnittenen Rechten ausgestattet sind, andererseits aber auch vom eigentlichen Mitarbeiter, der lediglich über die Mitarbeitersicht und -berechtigungen verfügt.

Durch Klick auf den eigenen Namen in Abbildung 4.4 öffnet sich ein Auswahlmenü.

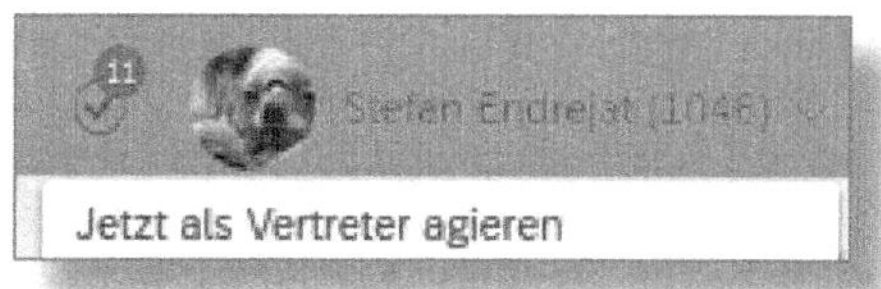

Abbildung 4.4: Auswahlmenü für den Benutzer

Nach dem Klick auf Jetzt als Vertreter agieren (Proxy Now) erscheint ein Pop-up, in dem Sie den Zielbenutzer, für den Sie vertretungsweise agieren wollen, eingeben (siehe Abbildung 4.5).

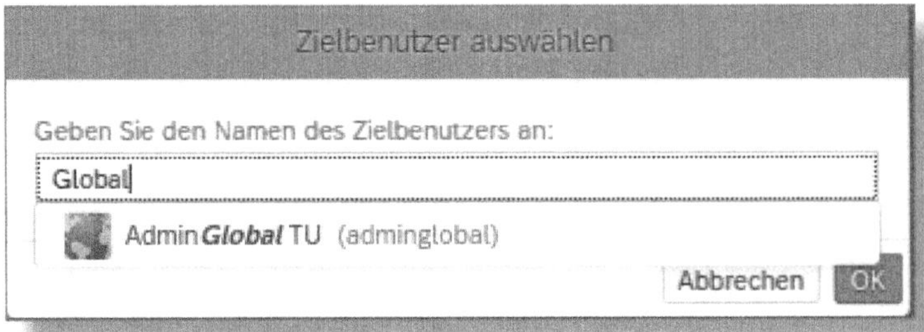

Abbildung 4.5: Auswahl des Zielbenutzers

Sie müssen einen vorgeschlagenen Benutzer aus der Liste anklicken und anschließend mit OK bestätigen.

Wie Sie in Abbildung 4.6 sehen, bleibt dabei stets nachvollziehbar, wer die Änderungen in Vertretung des technischen Benutzers vorgenommen hat.

Abbildung 4.6: Wer was für wen ändert, ist immer nachvollziehbar

Diese sogenannten *Proxy-Rechte* können ebenso Vorgesetzte für andere Vorgesetzte oder auch Mitarbeiter einrichten, damit im Falle einer unerwarteten Abwesenheit die Aufgaben im System übernommen werden können. Unter Einstellungen bestimmen Sie diese Person und legen die Module fest, die Sie ihr zur Bearbeitung freigeben.

Vertretungsrechte

Im Fall einer Vertretung hat der Vertreter dieselben Rechte wie der Vertretene/Repräsentierte. Das heißt, dass unter Umständen ein Mitarbeiter die Gehälter seiner Kollegen einsehen kann. Daher kann es sinnvoll sein, Vertretungsrechte pro Modul an unterschiedliche Vorgesetzte/Mitarbeiter zu vergeben.

Öffnen Sie dafür zunächst das Menü durch Klick auf Ihren Namen (siehe Abbildung 4.7) und wählen Sie den Menüpunkt EINSTELLUNGEN.

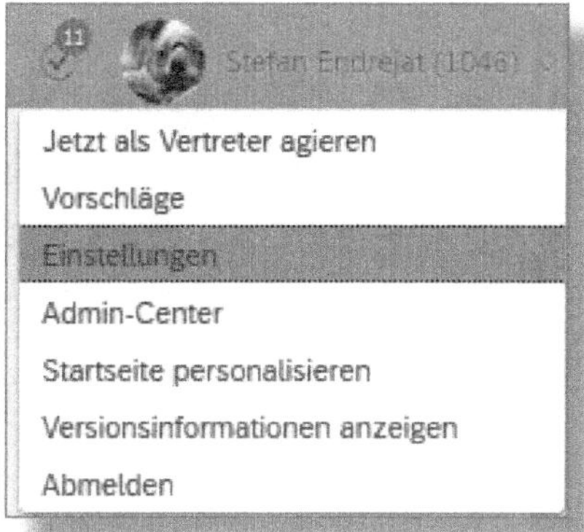

Abbildung 4.7: Einrichten von Vertretungsrechten (Schritt 1)

Im sich dann öffnenden Einstellungsmenü (siehe Abbildung 4.8) klicken Sie bitte auf VERTRETER und anschließend auf VERTRETER ZUORDNEN.

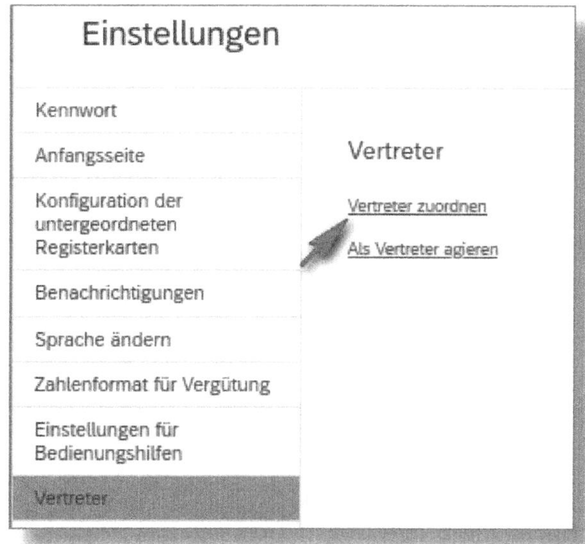

Abbildung 4.8: Einrichten von Vertretungsrechten (Schritt 2)

Geben Sie in dem neuen Fenster im Feld neben Vertreter (Benutzername) den Namen desjenigen ein, der Sie vertreten können soll (im Beispiel *Mickey Mouse*), und wählen Sie im Anschluss die Module, für die die Vertretung gelten soll (siehe Abbildung 4.9).

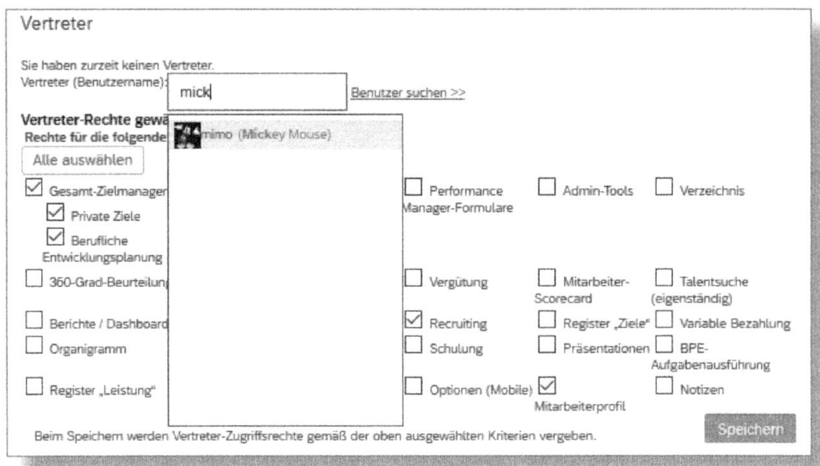

Abbildung 4.9: Vertreter bestimmen und die Module zur Freigabe wählen

4.2 Rollen und Berechtigungen in Employee Central

Employee Central arbeitet mit *rollenbasierten Berechtigungen*. Das bedeutet, dass einem Nutzer anhand der Rolle im System bestimmte Berechtigungen automatisch zugewiesen werden.

Vorgesetzter

zB

Sind einem Benutzer ein oder mehrere Mitarbeiter im System direkt zugeordnet, so erkennt das System dies und weist dem Benutzer automatisch die Rolle »Manager« zu.

> Infolgedessen erhält dieser Benutzer automatisch Zugriff auf den Startseiten-Bereich MEIN TEAM sowie auf alle ihm zugewiesenen Mitarbeiter. Welche konkreten Daten der Vorgesetzte einsehen kann, muss in der Berechtigungsrolle für den Manager festgelegt werden.

Nun wollen Sie sicher erfahren, wie Sie die Berechtigungen einrichten können. Dazu geben Sie über das Suchfeld aus Abbildung 4.3 die Aktion BERECHTIGUNGSROLLEN VERWALTEN (Manage Permission Roles) ein. Anschließend rufen Sie die zu bearbeitende Rolle auf bzw. legen eine neue Rolle durch Klick auf NEU ERSTELLEN (Create New) an (siehe Abbildung 4.10).

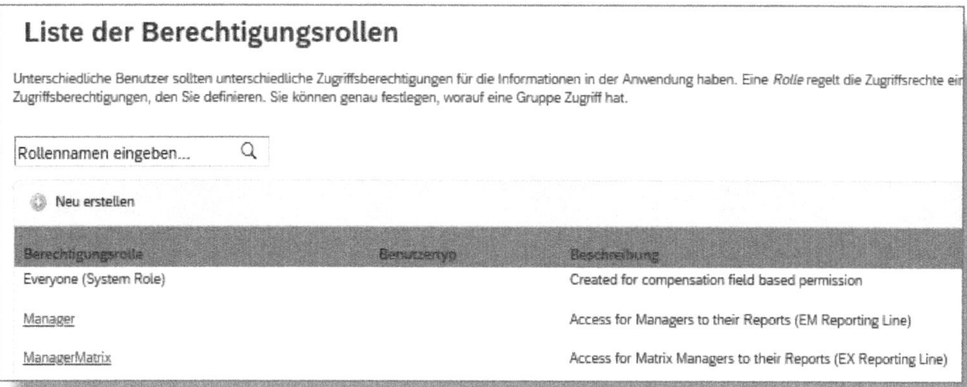

Abbildung 4.10: Berechtigungsrollen verwalten – Einstieg

Nach dem Anklicken wechselt das System in die Detailsicht der Rolle (siehe Abbildung 4.11). Mit einem Klick auf BERECHTIGUNG (Permissions) können Sie die Berechtigungen der einzelnen Abschnitte festlegen (Abbildung 4.12 und Tabelle 4.1).

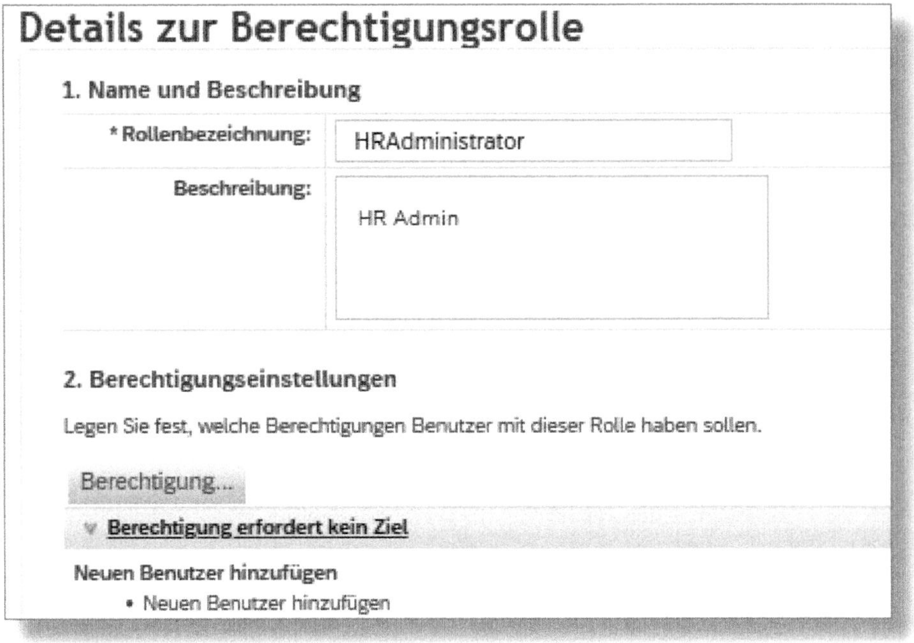

Details zur Berechtigungsrolle
1. Name und Beschreibung
* Rollenbezeichnung:
HRAdministrator
Beschreibung:
HR Admin
2. Berechtigungseinstellungen
Legen Sie fest, welche Berechtigungen Benutzer mit dieser Rolle haben sollen.
Berechtigung...
Berechtigung erfordert kein Ziel
Neuen Benutzer hinzufügen
• Neuen Benutzer hinzufügen

Abbildung 4.11: Berechtigungsrollen verwalten – Detailsicht

Legen Sie fest, welche Berechtigungen Benutzer mit dieser Rolle haben sollen.
★= Zugriffszeitraum kann als Ebene für Gewährungsregel definiert werden.
Benutzerberechtigungen
Berechtigungen auf der linken Seite auswählen
Kalibrierung
Ziele
Leistung
Schulung
Berufliche Entwicklungsplanung

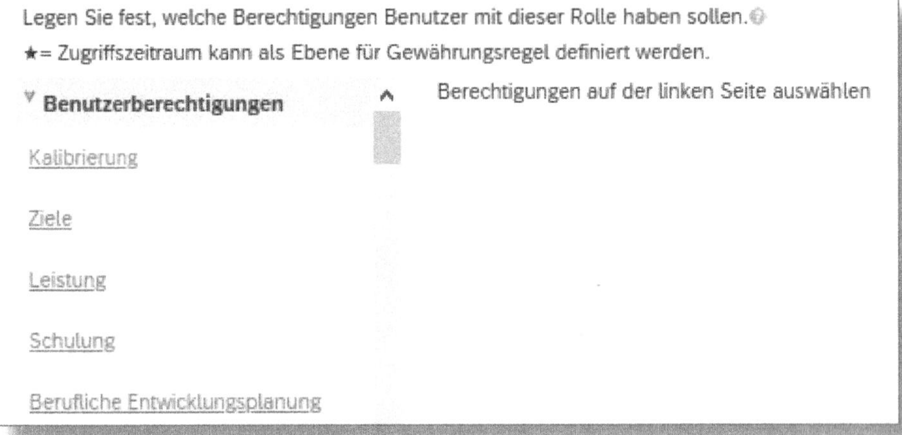

Abbildung 4.12: Berechtigungsrollen verwalten – Aufgabenfelder

In Tabelle 4.1 sind die wichtigsten Aufgabenfelder für die Berechtigungen beschrieben:

Berechtigungsabschnitt	Berechtigungsinhalt
Schulung verwalten (Learning)	Zugriffe auf die »Learning-Inhalte«
Mitarbeiterdaten (Employee Data)	Einsicht und Änderung von Mitarbeiterdaten Diese Berechtigungen sind auf Feldebene sehr detailliert. Werden neue Felder definiert (dazu zählen auch Lohnarten), so müssen diese erst noch berechtigt werden.
Employee-Central-Einheiten mit Stichtag (Employee Central Effective Dated Entities)	Weitere Mitarbeiterdaten auf Feldebene Hier sind auch die länderspezifischen Felder zu berechtigen.
Mitarbeiter-Widgets (Employee Widgets)	Visualisierungen im Bereich Vergütung
Mitarbeiteransichten (Employee Views)	Anzeige von Abschnitten im Employee Central Erst wenn der Bereich freigegeben ist, wird die »Feldberechtigung« überprüft (d. h., ohne Bereichsberechtigung werden die Felder nicht angezeigt, selbst wenn diese an sich berechtigt sind).
Allgemeine Benutzerberechtigung (General User Permission)	Allgemeine Berechtigungen für den Benutzer (z. B. über welche Endgeräte darf der Benutzer sich anmelden, welche Login-Methode muss er verwenden etc.)
Recruiting-Berechtigungen (Recruiting Permissions)	Alle Berechtigungen rund um den Bewerbungsprozess
MDF-Recruiting-Berechtigung (MDF Recruiting Permissions)	Daten für die Recruiter und all diejenigen, die Bewerberpools verwalten dürfen

Berechtigungsabschnitt	Berechtigungsinhalt
Berechtigung zur Berichterstellung (Reports Permissions)	Alle Berechtigungen zum Thema integriertes Reporting
Verschiedene Berechtigungen (Miscellaneous Permissions)	Diverse Berechtigungen (u. a. Zugriffe auf die diversen Org.Charts und die Zahlungsinformationen/Bankverbindung)
Datenaufbewahrungsmanagement (Data Retention Management)	Berechtigungen für das Löschen von Mitarbeiterdaten im Rahmen der Vorgaben zur DSGVO
Berechtigungen für das Ausbildungsmanagement (Apprentice Management Permissions)	Alle Berechtigungen rund um die Verwaltung der Auszubildenden (sofern das Modul genutzt wird)
Startseite v3 Kachelgruppenberechtigung (Homepage v3 Tile Group Permission)	Anzeige von Kachel-Sektionen auf der Startseite des Benutzers
Schulung verwalten (Manage Learning)	Zugriff auf den Verwaltungsbereich des Moduls Learning
Recruiting verwalten (Manage Recruiting)	Administrationsrechte für das Modul Learning (die detaillierten Rechte sind dann im Modul Learning zu vergeben (siehe Abschnitt 7.7)
MDF-Recruiting-Objekte verwalten (Manage MDF Recruiting Objects)	Administrationsbereiche für das Modul Learning
Neuen Benutzer hinzufügen (Manage User)	Administration rund um die Benutzer (Passwörter, Neuanlage/Einstellen von Mitarbeitern etc.)
Metadata Framework	Administration von Employee Central
Datenlöschung verwalten (Manage Data Purge)	Einstellungen für die DSGVO-Richtlinien
Planstelle verwalten (Manage Position)	Verwaltung der Planstellen
Übersicht über Firmenstruktur (Company Structure Overview)	Einsicht und Verwaltung von Org. Charts
Geschäftskonfiguration verwalten (Manage Business Configuration)	Administration von Employee Central

Tabelle 4.1: Beschreibung Berechtigungsobjekte

Mehr Berechtigungsabschnitte

Bitte beachten Sie, dass es weit mehr Berechtigungsabschnitte gibt als hier beschrieben. Da sich diese aber auf SuccessFactors-Module beziehen, die nicht Bestandteil des Buches sind, werden sie hier nicht mit aufgeführt.

Detaillierte Beschreibung der Berechtigungen durch die SAP

Im Internet stellt die SAP eine detaillierte Beschreibung der Administrator-Berechtigungen zur Verfügung (allerdings nur auf Englisch). Der aktuelle Link lautet:

https://performancemanager4.successfactors.com/doc/AdminResourcesPage/AdminResources/New_Topics/ar_permis_admin_permissions.htm

In der Praxis kommt es sehr häufig vor, dass grundsätzlich die gleichen Berechtigungen für verschiedene Benutzer zu vergeben sind, aber der eine Benutzer/die eine Benutzergruppe nur eine bestimmte Mitarbeitergruppe und der weitere Benutzer/die weitere Benutzergruppe nur eine andere Mitarbeitergruppe einsehen dürfen. Dies lässt sich in SuccessFactors leicht umsetzen, indem die Berechtigungsrolle verschiedenen *Berechtigungsgruppen* zugeordnet wird.

Diese Berechtigungsgruppen müssen Sie allerdings erst einrichten. Rufen Sie dafür die Aktion BERECHTIGUNGSGRUPPEN VERWALTEN (Manage Permission Groups) auf (siehe Abbildung 4.13).

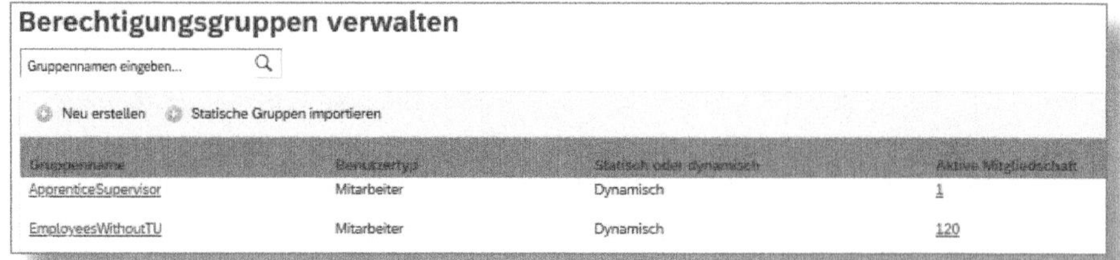

Abbildung 4.13: Berechtigungsgruppen verwalten – Einstieg

Wählen Sie eine vorhandene Berechtigungsgruppe durch Klick auf den Namen aus oder erstellen Sie eine neue Gruppe (NEU ERSTELLEN).

In den nun angezeigten Details legen Sie dann den GRUPPENNAMEN sowie die zu berechtigenden Mitarbeiter fest. Dabei gibt es neben dem in Abbildung 4.14 gewählten Kriterium BENUTZER noch weitere, wie z. B. die ABTEILUNG, FIRMENKENNUNG o. ä.

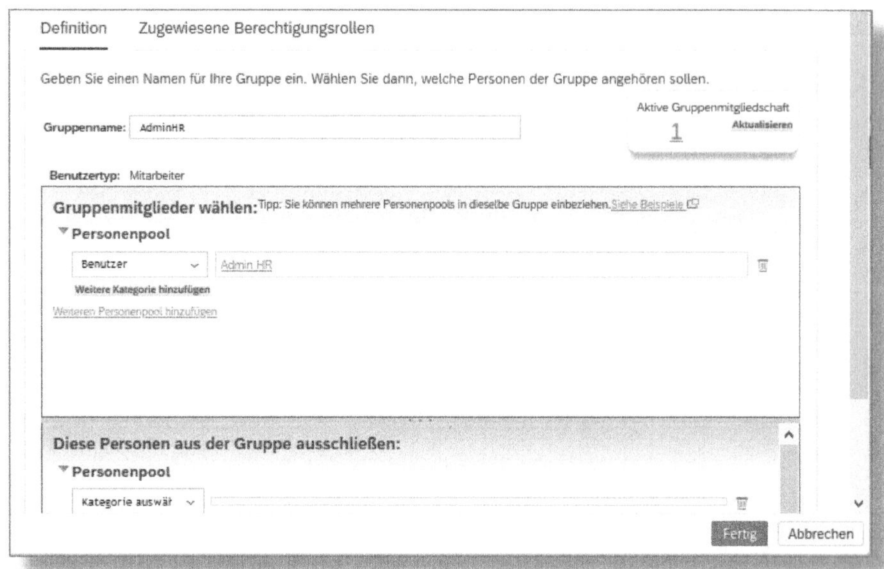

Abbildung 4.14: Berechtigungsgruppen verwalten – Details

Unterscheidungskriterien nutzen

Beachten Sie, dass sich die Gruppen nur auf vorhandene Kriterien (wie z. B. Personalbereich oder Standort) einschränken lassen. Eine mitarbeiterbezogene Gruppe führt zu einem extrem hohen Pflegeaufwand, da ein Mitarbeiterwechsel auch in den Berechtigungs gruppen nachgezogen werden muss.

Nun können Sie bei den Berechtigungsrollen die Berechtigungsgruppen zuweisen. In Abbildung 4.15 können Sie über den Button HINZUFÜGEN der Berechtigungsrolle die entsprechenden Berechtigungsgruppen zuordnen und auch die ZIELPOPULATION festlegen.

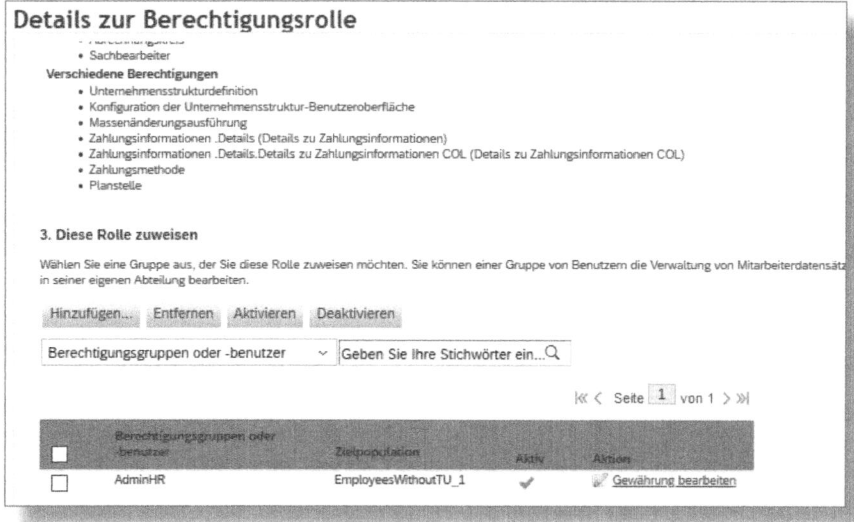

Abbildung 4.15: Berechtigungsrollen verwalten – Gruppen zuweisen

Durch die Einschränkung auf Zielpopulationen lassen sich die Berechtigungsrollen für unterschiedliche Berechtigungsgruppen nutzen, ohne jedes Mal die Berechtigungsinhalte mitpflegen zu müssen. Das reduziert den Aufwand bei der Administration der Berechtigungsrollen erheblich.

Berechtigungen überprüfen

Es ist auch möglich zu überprüfen, auf welche Objekte/Felder ein Benutzer Zugriff hat. Dabei wird sowohl angezeigt, ob das Objekt/Feld nur eingesehen oder auch verändert werden kann und welche Rollenberechtigungen dafür jeweils nötig sind. Grundsätzlich werden alle Berechtigungen angezeigt. Diese Überprüfung wird durch die Aktion Benutzerberechtigungen anzeigen (View User Permission) ausgeführt.

Nach dem Aufruf der Aktion müssen Sie noch den Benutzer suchen. Geben Sie dazu mindestens ein Suchkriterium vor und klicken Sie dann auf Suchen. Im Anschluss erhalten Sie eine Liste mit allen Benutzern, die diesem Suchkriterium entsprechen (siehe Abbildung 4.16).

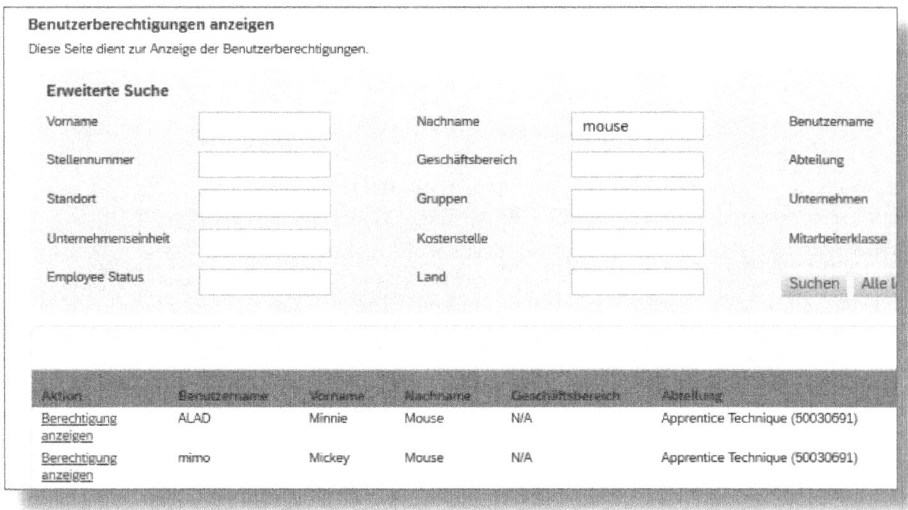

Abbildung 4.16: Ergebnisliste der Benutzersuche

Mit dem Klick auf Berechtigung anzeigen (View Permission) öffnet sich ein neues Fenster, in dem alle Berechtigungen des ausgewählten Benutzers aufgelistet sind (siehe Abbildung 4.17).

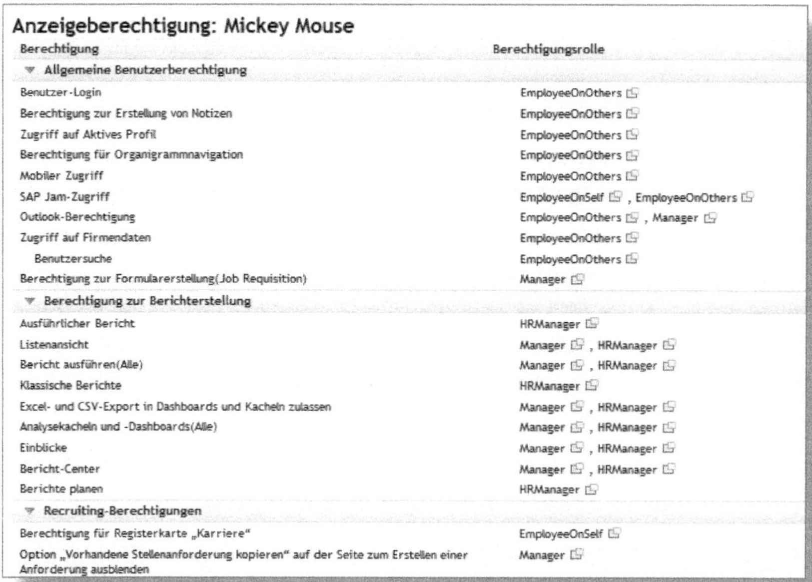

Anzeigeberechtigung: Mickey Mouse

Berechtigung	Berechtigungsrolle
▼ Allgemeine Benutzerberechtigung	
Benutzer-Login	EmployeeOnOthers
Berechtigung zur Erstellung von Notizen	EmployeeOnOthers
Zugriff auf Aktives Profil	EmployeeOnOthers
Berechtigung für Organigrammnavigation	EmployeeOnOthers
Mobiler Zugriff	EmployeeOnOthers
SAP Jam-Zugriff	EmployeeOnSelf , EmployeeOnOthers
Outlook-Berechtigung	EmployeeOnOthers , Manager
Zugriff auf Firmendaten	EmployeeOnOthers
Benutzersuche	EmployeeOnOthers
Berechtigung zur Formularerstellung(Job Requisition)	Manager
▼ Berechtigung zur Berichterstellung	
Ausführlicher Bericht	HRManager
Listenansicht	Manager , HRManager
Bericht ausführen(Alle)	Manager , HRManager
Klassische Berichte	HRManager
Excel- und CSV-Export in Dashboards und Kacheln zulassen	Manager , HRManager
Analysekacheln und -Dashboards(Alle)	Manager , HRManager
Einblicke	Manager , HRManager
Bericht-Center	Manager , HRManager
Berichte planen	HRManager
▼ Recruiting-Berechtigungen	
Berechtigung für Registerkarte „Karriere"	EmployeeOnSelf
Option „Vorhandene Stellenanforderung kopieren" auf der Seite zum Erstellen einer Anforderung ausblenden	Manager

Abbildung 4.17: Ausschnitt aus der Berechtigungsübersicht eines Benutzers

4.3 Login-Verwaltung

In diesem Abschnitt stellen wir Ihnen vor, wie sich die Mitarbeiter am System anmelden, wie Sie für sichere Kennwörter sorgen und welche automatisierten Nachrichten bei der Benutzeranlage und beim Zurücksetzen des Kennworts versendet werden können.

4.3.1 Single Sign-On vs. Benutzername und Kennwort

Es gibt gute Gründe für beide Varianten. Die folgenden Fragestellungen können Ihnen bei der Entscheidung für das am besten geeignete Verfahren behilflich sein:

- Von wo aus sollen Ihre Mitarbeiter auf das System zugreifen können – nur vom Firmennetzwerk oder auch vom privaten Rechner zu Hause?
- Haben Sie schon für andere Systeme eine Single Sign-On-Lösung etabliert?

Grundsätzlich gilt: Single Sign-On reduziert die Anzahl der Kennwörter, die sich die Mitarbeiter merken müssen.

4.3.2 Kennwort- und Anmelderichtlinie

Sofern Sie sich entschieden haben, dass sich Ihre Mitarbeiter mittels Benutzer und Kennwort anmelden müssen, sollten Sie die Kennwortrichtlinie festlegen.

Die entsprechenden Einstellungen rufen Sie über die Aktion Einstellungen für Kennwort- und Anmelderichtlinie (Password & Login Policy Settings) auf (siehe Abbildung 4.18).

Einstellungen für Kennwort- und Anmelderichtlinie : Auf alle Mitarbeiter angewendet

Diese Seite dient zum Festlegen der Kennwortrichtlinie.

Mindestlänge 2
Höchstlänge 18
Kennwortmindestalter (in Tagen) -1
Kennworthöchstalter (in Tagen) 9999
Wenn Sie diese Funktion aktivieren oder deaktivieren, müssen ALLE Benutzer ihr Kennwort ändern

Der Wert -1 bewirkt, dass Kennwörter unbegrenzt gültig sind (nicht empfohlen)
▶ API-Anmeldeausnahmen festlegen...
Maximal zulässige Falscheingaben bei der Anmeldung 0
Diese Option kann durch Eingabe des Werts 0 deaktiviert werden. Sie bewirkt, dass ein Benutzerkonto durch das System gesperrt wird, wenn die Anzahl direkt aufeinander folgender fehlgeschlagener Anmeldungsversuche innerhalb von 1 Minute den hier eingegebenen Wert überschreitet.

Groß- und Kleinschreibung berücksichtigen (empfohlen) ☑
Das Ändern dieser Option führt dazu, dass ALLE Benutzer ihre Kennwörter ändern müssen
Groß- und Kleinbuchstaben erforderlich ☐
Diese Option wird ignoriert, wenn die Option „Groß- und Kleinschreibung berücksichtigen“ nicht aktiviert ist.
Buchstaben erforderlich ☐
Kennwort muss nichtalphabetische Zeichen enthalten ☐
Wird ignoriert, wenn Zahlen oder Sonderzeichen aktiviert sind
Zahlen erforderlich ☐

Abbildung 4.18: Kennwort- und Anmelderichtlinie

Ganz am Anfang festlegen

Legen Sie die Kennwort- und Anmelderichtlinie ganz am Anfang Ihres Projektes fest. Orientieren Sie sich dabei an der schon vorhandenen Kennwortrichtlinie, die in Ihrem Unternehmen gilt.

Nachträgliche Änderungen

Wenn Sie die Richtlinie nachträglich anpassen, kann es passieren, dass alle Benutzer bei der nächsten Anmeldung ein neues Kennwort vergeben müssen.

4.3.3 Kennwort zurücksetzen

Selbstverständlich können Sie auch Kennwörter zurücksetzen, wenn ein Mitarbeiter seines vergessen haben sollte. Rufen Sie dafür die Aktion BENUTZERKENNWÖRTER ZURÜCKSETZEN (Reset User Password) auf.

Dabei stehen Ihnen zwei Möglichkeiten zur Verfügung:

- **Kennwort mit E-Mail-Link zurücksetzen:**
  In diesem Fall wird dem Benutzer eine Systemmail an die im System hinterlegte E-Mail-Adresse geschickt, in der ihm mitgeteilt wird, dass sein Kennwort zurückgesetzt wurde. Durch Klick auf den in der E-Mail enthaltenen Link wird ein neues Kennwort für den Mitarbeiter vergeben (siehe Abbildung 4.19).

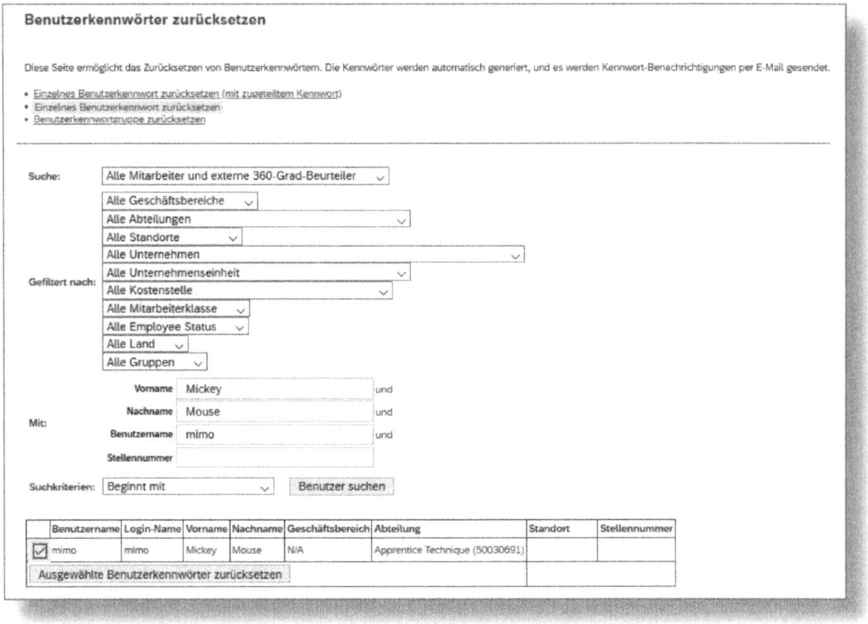

Benutzerkennwörter zurücksetzen

Diese Seite ermöglicht das Zurücksetzen von Benutzerkennwörtern. Die Kennwörter werden automatisch generiert, und es werden Kennwort-Benachrichtigungen per E-Mail gesendet.

- Einzelnes Benutzerkennwort zurücksetzen (mit zugeteiltem Kennwort)
- Einzelnes Benutzerkennwort zurücksetzen
- Benutzerkennwortgruppe zurücksetzen

Suche: Alle Mitarbeiter und externe 360-Grad-Beurteiler

Gefiltert nach: Alle Geschäftsbereiche, Alle Abteilungen, Alle Standorte, Alle Unternehmen, Alle Unternehmenseinheit, Alle Kostenstelle, Alle Mitarbeiterklasse, Alle Employee Status, Alle Land, Alle Gruppen

Mit: Vorname Mickey und, Nachname Mouse und, Benutzername mimo und, Stellennummer

Suchkriterien: Beginnt mit — Benutzer suchen

	Benutzername	Login-Name	Vorname	Nachname	Geschäftsbereich	Abteilung	Standort	Stellennummer
☑	mimo	mimo	Mickey	Mouse	N/A	Apprentice Technique (50030691)		

Ausgewählte Benutzerkennwörter zurücksetzen

Abbildung 4.19: Kennwort zurücksetzen mit Link in E-Mail

Klicken Sie auf EINZELNES BENUTZERKENNWORT ZURÜCKSETZEN (siehe Abbildung 4.18); anschließend suchen Sie den Mitarbeiter anhand diverser Merkmale, wählen ihn aus (Kästchen links vor dem Benutzernamen anklicken) und führen die Funktion AUSGEWÄHLTE BENUTZERKENNWÖRTER ZURÜCKSETZEN aus.

- **Kennwort zurücksetzen mit Vergabe durch den Admin**: Dem Mitarbeiter muss das neue Kennwort explizit mitgeteilt werden (d. h., es wird nicht durch das System übermittelt). Beim nächsten Login muss der Mitarbeiter das erhaltene Kennwort durch ein eigenes ersetzen. Wie lange das »Admin-Kennwort« gültig ist, legen Sie in der Kennwortrichtlinie fest.
  Klicken Sie hierzu auf EINZELNES BENUTZERKENNWORT ZURÜCKSETZEN [MIT ZUGETEILTEM KENNWORT], suchen Sie dann den Mitarbeiter anhand diverser Merkmale, wählen ihn aus (Kästchen links vor dem Benutzernamen anklicken) und führen die Funktion BENUTZERKENNWORT ZURÜCKSETZEN aus (siehe Abbildung 4.20).

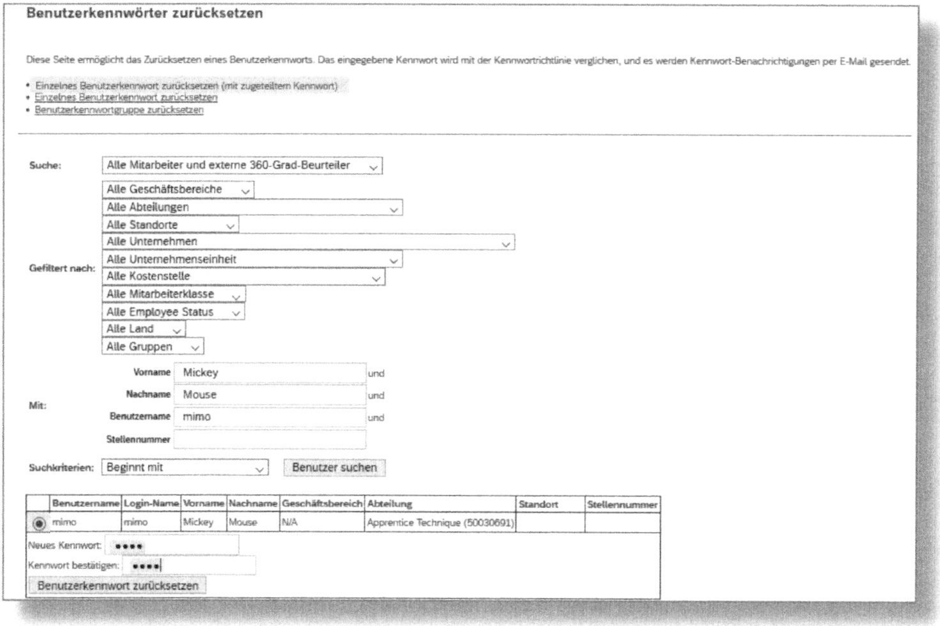

Abbildung 4.20: Kennwort zurücksetzen mit Kennwortvergabe

4.3.4 Benutzer zurücksetzen

Wenn sich ein Benutzer zu oft mit dem falschen Kennwort anmeldet, so wird er gesperrt. In diesem Fall reicht es nicht aus, das Kennwort zurückzusetzen, sondern der Benutzer muss zuerst entsperrt werden. Mit der Aktion BENUTZERKONTO ZURÜCKSETZEN (Reset User Account) kommen Sie in das Menü zum Zurücksetzen der Benutzer (siehe Abbildung 4.21). Füllen Sie die Suchparameter mit den entsprechenden Daten und wählen Sie anschließend den Benutzer aus. Ein rotes »x« weist darauf hin, dass der Benutzer gesperrt ist. Nach der Auswahl des Mitarbeiters (Kästchen links vor dem Benutzernamen) wird durch den Klick auf die Schaltfläche AUSGEWÄHLTE BENUTZER ZURÜCKSETZEN der Benutzer entsperrt. Wird ein grüner Haken angezeigt, ist der Login des Benutzers möglich, d. h., er ist nicht gesperrt.

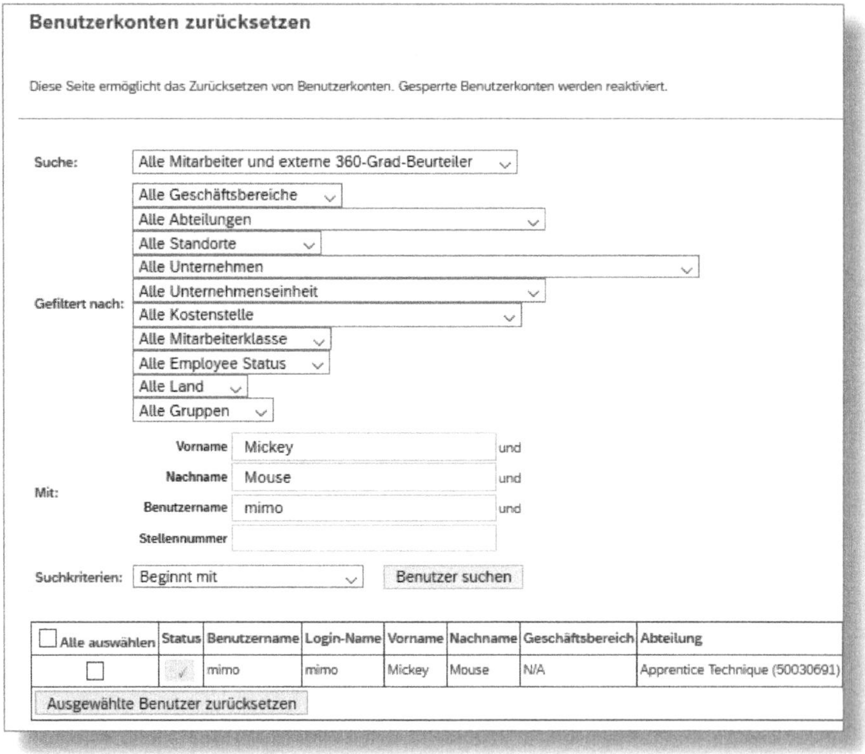

Benutzerkonten zurücksetzen

Diese Seite ermöglicht das Zurücksetzen von Benutzerkonten. Gesperrte Benutzerkonten werden reaktiviert.

Suche: Alle Mitarbeiter und externe 360-Grad-Beurteiler

Gefiltert nach: Alle Geschäftsbereiche, Alle Abteilungen, Alle Standorte, Alle Unternehmen, Alle Unternehmenseinheit, Alle Kostenstelle, Alle Mitarbeiterklasse, Alle Employee Status, Alle Land, Alle Gruppen

Mit: Vorname Mickey und, Nachname Mouse und, Benutzername mimo und, Stellennummer

Suchkriterien: Beginnt mit — Benutzer suchen

Alle auswählen	Status	Benutzername	Login-Name	Vorname	Nachname	Geschäftsbereich	Abteilung
☐	✓	mimo	mimo	Mickey	Mouse	N/A	Apprentice Technique (50030691)

Ausgewählte Benutzer zurücksetzen

Abbildung 4.21: Benutzer entsperren

4.3.5 Benachrichtigungen

Systemmails, die bei der Neuanlage eines Benutzers und auch beim Zurücksetzen des Kennworts verschickt werden, können im Wortlaut von Ihnen angepasst werden. Rufen Sie dazu über die Aktion Einstellungen für E-Mail-Benachrichtigungsvorlagen (E-Mail Notification Templates Settings) die E-Mail-Vorlagen auf (siehe Abbildung 4.22).

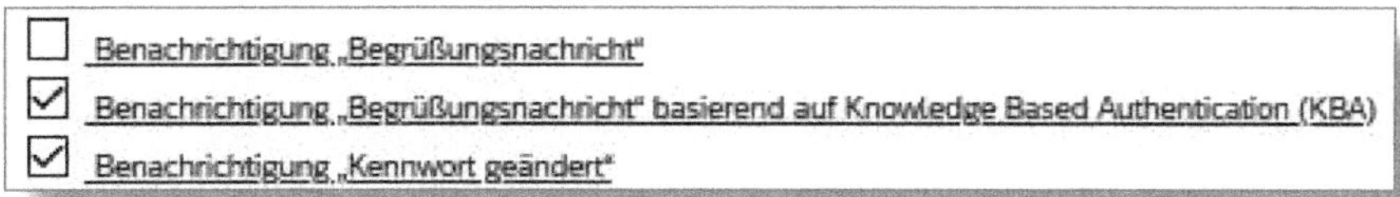

Abbildung 4.22: E-Mail-Vorlagen für die Neuanlage von Benutzern und das Zurücksetzen von Kennwörtern

Sie können den Wortlaut in jeder aktivierten Sprache anpassen. Markieren Sie dazu per Mausklick zunächst die zu ändernde Vorlage. Wählen Sie dann auf der rechten Bildschirmseite (siehe Abbildung 4.23) die gewünschte Sprache aus und klicken Sie auf WECHSELN ZU (Switch To).

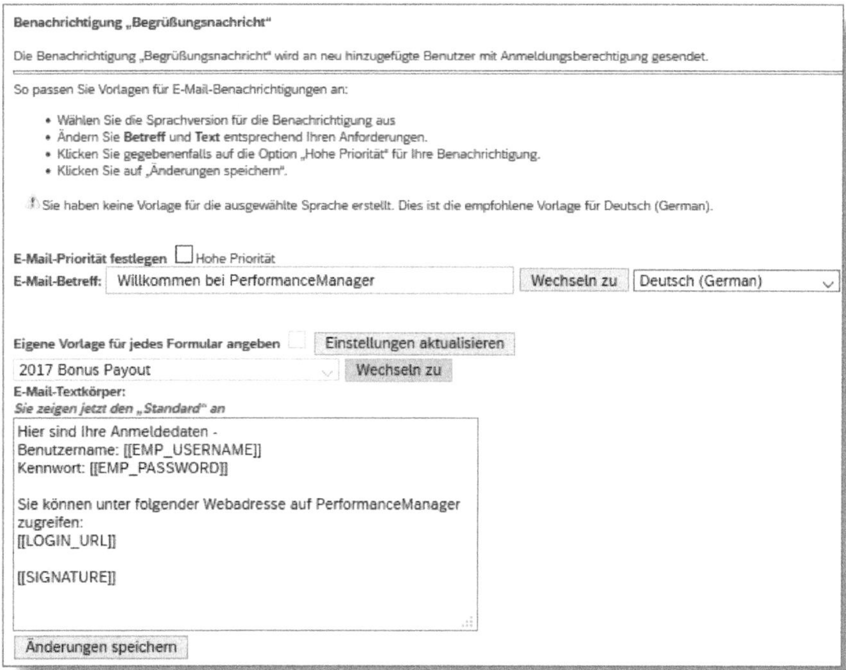

Abbildung 4.23: Anpassen des Wortlauts

E-Mail-Vorlagen für viele verschiedene Module

In diesem Bereich wird eine ganze Reihe von E-Mail-Vorlagen verwaltet. Für die Benutzerverwaltung sind Folgende relevant:

- BENACHRICHTIGUNG »BEGRÜSSUNGSNACHRICHT« (Welcome Message Notification)
- BENACHRICHTIGUNG »KENNWORT GEÄNDERT« (Password Changed Notification)

Benachrichtigung „Begrüßungsnachricht"

Die Benachrichtigung „Begrüßungsnachricht" wird an neu hinzugefügte Benutzer mit Anmeldungsberechtigung gesendet.

So passen Sie Vorlagen für E-Mail-Benachrichtigungen an:

- Wählen Sie die Sprachversion für die Benachrichtigung aus
- Ändern Sie **Betreff** und **Text** entsprechend Ihren Anforderungen.
- Klicken Sie gegebenenfalls auf die Option „Hohe Priorität" für Ihre Benachrichtigung.
- Klicken Sie auf „Änderungen speichern".

! Sie haben keine Vorlage für die ausgewählte Sprache erstellt. Dies ist die empfohlene Vorlage für Deutsch (German).

E-Mail-Priorität festlegen ☐ Hohe Priorität

E-Mail-Betreff: Willkommen bei PerformanceManager | Wechseln zu | English US (English US)

Eigene Vorlage für jedes Formular angeben ☐ | Einstellungen aktualisieren

2017 Bonus Payout | Wechseln zu

E-Mail-Textkörper:

Sie zeigen jetzt den „Standard" an

Hier sind Ihre Anmeldedaten -
Benutzername: [[EMP_USERNAME]]
Kennwort: [[EMP_PASSWORD]]

Sie können unter folgender Webadresse auf PerformanceManager zugreifen:
[[LOGIN_URL]]

[[SIGNATURE]]

Änderungen speichern

Abbildung 4.24: Der Wortlaut kann in jeder Systemsprache geändert werden

Um die Vorlagensprache zu wechseln, wählen Sie zunächst im Dropdown-Menü der Sprachen die entsprechende Sprache aus und klicken Sie anschließend auf WECHSELN ZU (siehe Abbildung 4.24)

4.3.6 Verwaltung des Provisioning-Zugriffs

In der Aktion PROVISIONING-ZUGRIFF VERWALTEN (Manage Provisioning Access) verwalten Sie all diejenigen Mitarbeiter Ihres Implementierungspartners, die Zugriff auf das Provisioning erhalten sollen (siehe Abbildung 4.25). Sie können einen neuen Eintrag erzeugen, indem Sie auf das + in der rechten oberen Ecke klicken. Tragen sie dann in dem erscheinenden Pop-up die E-Mail-Adresse des Benutzers ein, dem eine Zugriffsberechtigung erteilt werden soll.

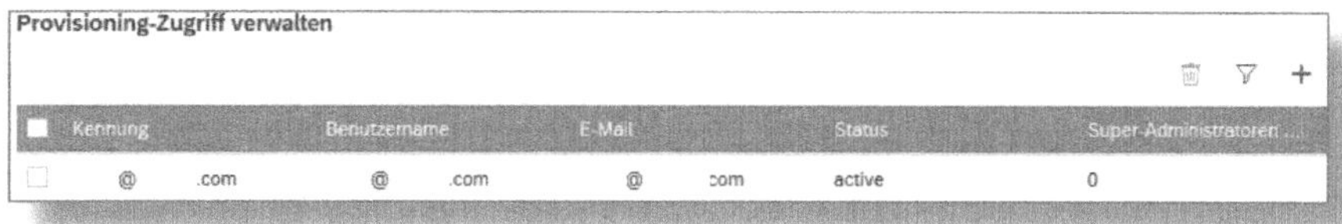

Abbildung 4.25: Provisioning-Zugriff verwalten

Provisioning-Zugang ist auch von der SAP zu genehmigen

Zugriffsrechte für das Provisioning können nur Benutzern gewährt werden, die von der SAP dafür entsprechend zertifiziert sind.

Provisioning-Zugriff nur begrenzte Zeit

Der Provisioning-Zugriff läuft automatisch nach einem Jahr aus. Sie müssen diesen also jährlich erneuern.

Wenn Sie die Berechtigung bereits vor Ablauf eines Jahres wieder entziehen wollen, markieren Sie den entsprechenden Eintrag (in der Zeile links Haken setzen) und klicken anschließend auf das Mülltonnensymbol rechts oben.

4.3.7 Verwaltung des Support-Zugriffs

Es wird immer wieder Situationen geben, in denen sich die SAP selbst auf Ihr System schalten möchte. Das passiert vor allem im Rahmen der Ticketbearbeitung. Rufen Sie hierzu die Aktion SUPPORT-ZUGRIFF VERWALTEN (Manage Support Access) auf. Suchen Sie den entsprechend eingerichteten Benutzer (im Regelfall »sfadmin«) über die Suchfunktion auf (siehe Abbildung 4.26).

Markieren Sie den Benutzer und wählen Sie die entsprechende Funktion (EINEM SUPPORT-ADMINISTRATOR ZUGRIFF AUF DAS BENUTZERKONTO GEWÄHREN oder SUPPORT-ZUGRIFF DEAKTIVIEREN) aus.

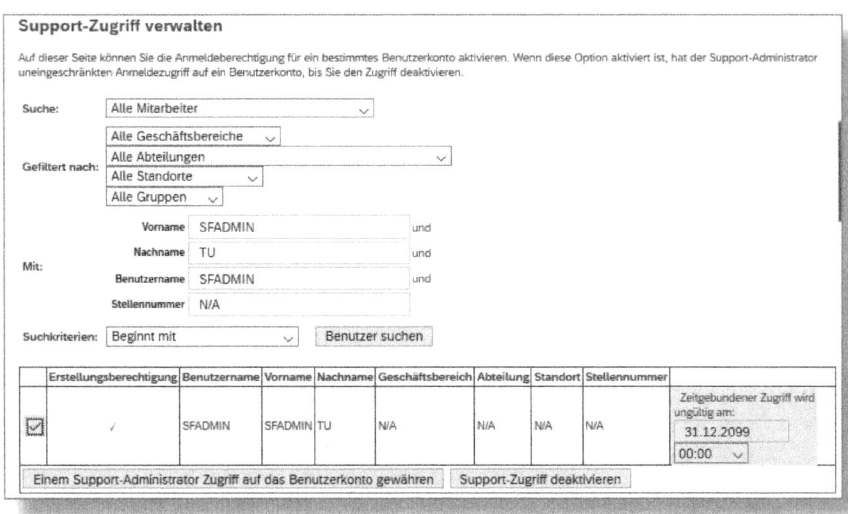

Abbildung 4.26: SAP den Zugriff auf das System gewähren oder entziehen

Gewährter Zugriff kann begrenzt werden

Sie können direkt bei der Vergabe der Berechtigung ein Ablaufdatum für den Zugriff hinterlegen. So müssen Sie diese nicht immer wieder manuell entziehen. Das wird auch aus Sicherheitsgründen dringend empfohlen.

4.4 Mitarbeiter- und Organisationsdaten pflegen

Im Großen und Ganzen sind die Felder und Sektionen für die Stammdatenpflege selbsterklärend, sodass wir hier nur auf die jeweiligen Besonderheiten eingehen werden.

4.4.1 Mitarbeiterdaten pflegen

Neuen Eintrag anlegen

Um einen neuen Eintrag anzulegen, klicken Sie bitte auf das Symbol ✎ in Abbildung 4.27 oder auf Aktionen im Kopfbereich (siehe Abbildung 5.7) und wählen Sie die Sektion, für den Sie einen neuen Eintrag anlegen wollen. Sie gelangen dann in die Eingabemaske der jeweiligen *Sektion*. Das Beispiel aus Abbildung 4.28 zeigt die Sektion Persönliche Informationen.

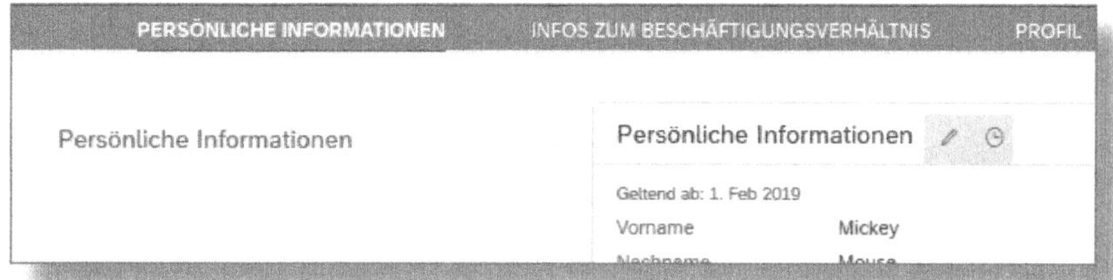

Abbildung 4.27: Beispiel für die Symbole bei den Mitarbeiterdaten

Begriffserklärung Sektion

Sektionen sind logische Zusammenfassungen von Mitarbeiterstammdaten, z. B. Persönliche Informationen, Stelleninformationen und Vergütungsinformationen.

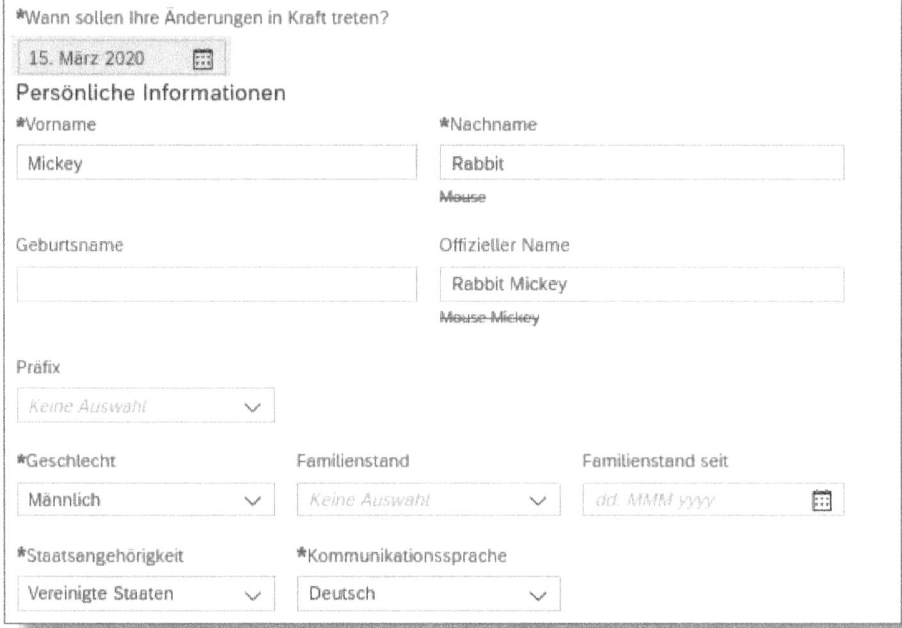

Abbildung 4.28: Beispiel für einen neuen Eintrag

Datum manchmal zuerst festlegen

Je nach Sektion kann es sein, dass Sie zunächst das Datum für den neuen Eintrag festlegen müssen, bevor Sie in die Eingabemaske gelangen können.

Änderungsverlauf ansehen und ggf. Änderungen an bestehenden Einträgen vornehmen

Wenn Sie sich den Verlauf der Einträge ansehen möchten oder Änderungen an einem bestehenden (Daten-)Satz vornehmen müssen, klicken Sie auf das Symbol 🕒 (siehe Abbildung 4.27).

Es wird Ihnen dann ein Pop-up angezeigt, das alle bisherigen Einträge zu der jeweiligen Sektion enthält. Wählen Sie, wie in Abbildung 4.29 zu sehen, links das entsprechende Datum aus und klicken Sie auf BEARBEITEN oder auch auf LÖSCHEN.

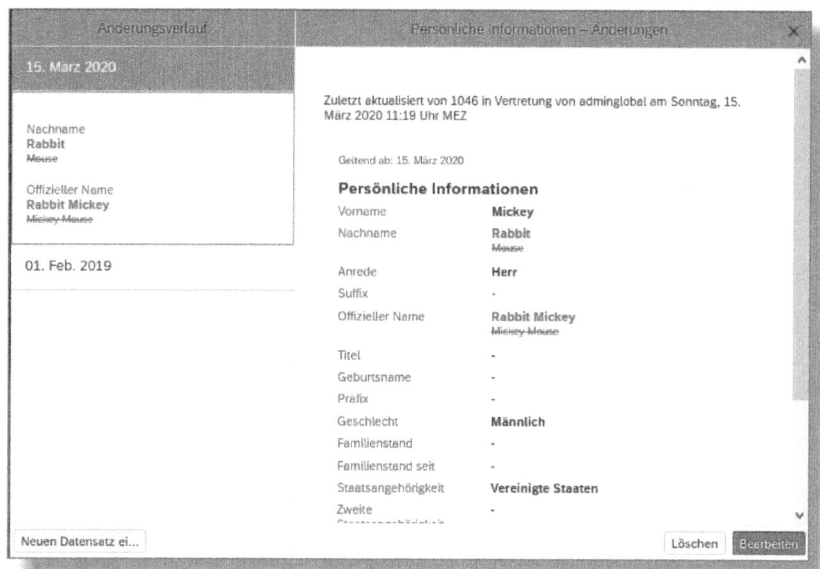

Abbildung 4.29: Übersicht über die Einträge

Änderungen zum Vorgänger

Links in der Historienübersicht sind auch die meisten Änderungen zum Vorgängersatz noch kurz dargestellt. Werden aus Platzgründen nicht alle Änderungen aufgeführt, können Sie sich diese über BEARBEITEN (Edit) detailliert anzeigen lassen.

4.4.2 Organisationsdaten pflegen

SuccessFactors bietet verschiedene Möglichkeiten, die *Organisationsstruktur* zu visualisieren und auch zu bearbeiten.

Organigramm vs. Planstellenorganigramm vs. Firmenstruktur

Über den Absprung zu INFORMATIONEN ZUR FIRMA (siehe Abbildung 4.2) oder auch entsprechende Kacheln auf der Startseite (Abbildung 4.1) gelangen Sie zu den Organisationsdaten.

Je nach Berechtigungen können bis zu drei verschiedene Darstellungen eingesehen werden:

- *Organigramm* (Org.Chart)
- *Planstellenorganigramm* (Position Org.Chart)
- *Firmenstruktur* (Company Structure Overview)

ORGANIGRAMM ist die grafische Darstellung der Berichtslinien, d. h., wer ist wessen fachlicher und/oder disziplinarischer Vorgesetzter.

PLANSTELLENORGANIGRAMM zeigt grafisch auf, welche *Planstelle* an welche andere berichtet. Sofern die Planstelle besetzt ist, wird der Inhaber angezeigt.

FIRMENSTRUKTUR ist die Darstellung der Unternehmensstruktur auf Abteilungs- und Geschäftsbereichsebene sowie der Sparten. Dabei müssen Sie nicht alle Strukturen benutzen und können auch unterschiedliche Ansichten für die Darstellung anbieten (wie Sie die Darstellung anpassen können, erfahren Sie weiter unten im Abschnitt »Arbeiten mit der Firmenstruktur«. Generell werden hier die Berichtsstruktur zwischen den Objekten und, je nach eingestellter Ansicht, die Leiter der jeweiligen Objekte sowie die Anzahl der zugeordneten Mitarbeiter und Planstellen angezeigt.

Daten verwalten

Die Planstellen, Abteilungen, Geschäftsbereiche und Sparten können alle über die Aktion Daten verwalten (Manage Data) organisiert werden (siehe Abschnitt 5.2.5). Wie im nächsten Abschnitt erklärt, hat es aber einige Vorteile, wenn die Verwaltung über die jeweiligen Organigramme erfolgt.

Arbeiten mit dem Planstellenorganigramm

Die Ansicht Planstellenorganigramm bietet die beste Möglichkeit, Planstellen zu verwalten, da gleichzeitig die Struktur im Überblick angezeigt wird und bei der Neuanlage schon einige Felder vorgefüllt werden können. Um das Planstellenorganigramm aufzurufen, wählen Sie im Menü (siehe Abbildung 4.2) Informationen zur Firma aus und klicken anschließend auf Planstellenorganigramm.

Sie können nach Mitarbeiternamen oder nach der Planstelle (sowohl nach Bezeichnung als auch nach interner Nummer im rechten Suchfeld von Abbildung 4.30) suchen.

Abbildung 4.30: Suche von Planstellen

Die Ergebnis-Darstellung (Abbildung 4.31) können Sie sich (Berechtigung vorausgesetzt) zu jedem beliebigen Zeitpunkt anzeigen lassen, indem Sie das entsprechende Datum über den Button Heute auswählen.

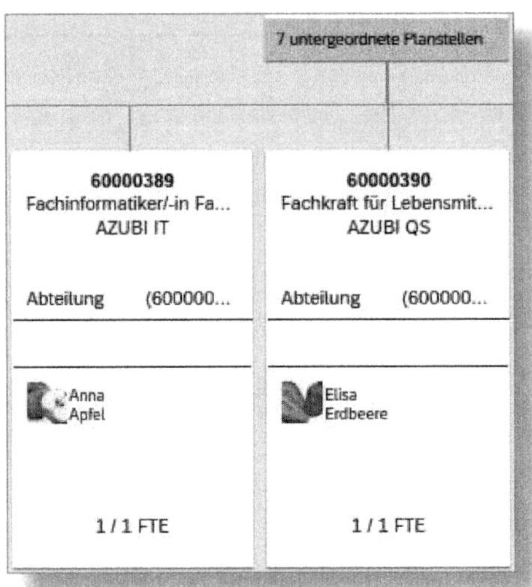

Abbildung 4.31: Übersicht über die Planstellen

Um eine Planstelle in der Ansicht PLANSTELLENORGANIGRAMM zu ändern oder zu bearbeiten, gehen Sie folgendermaßen vor (siehe Abbildung 4.32):

Abbildung 4.32: Planstelle verändern

Klicken Sie auf den oberen Bereich der Planstelle (❶) (z. B. die vergebene Nummer), um die dargestellte Informationsübersicht aufzurufen. Anschließend klicken Sie auf das mit dem roten Pfeil ausgewiesene Symbol (❷). Sie erhalten dann die Detailansicht gemäß Abbildung 4.33.

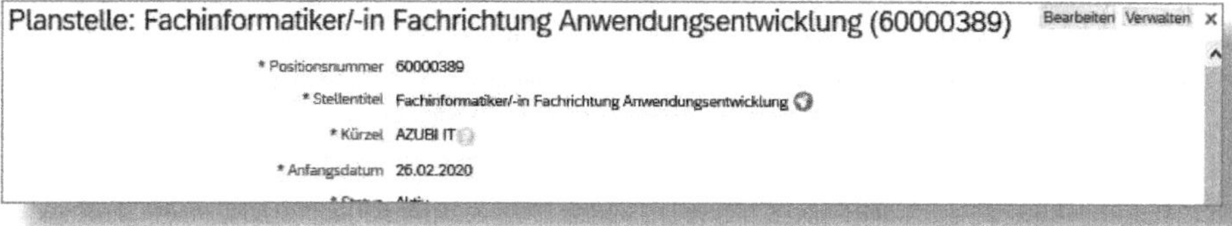

Abbildung 4.33: Detailansicht zur Planstelle

Mit Bearbeiten können Sie einen neuen Eintrag für die Planstelle anlegen, wenn sich beispielsweise die Bezeichnung der Planstelle oder deren Zuordnung zur Abteilung oder zu Vorgesetzten ändert.

Änderungen am Mitarbeiterstammsatz

Nutzen Sie diese Möglichkeit immer dann, wenn die Daten auch im Mitarbeiterstammsatz aktualisiert werden sollen. Nur so bringt das System die Mitarbeiterstammdaten gleichzeitig auf den neuen Stand.

Die Option Verwalten (Manage) führt Sie in die Aktion Daten verwalten. Dort können Sie nun sowohl die Historie einsehen als auch Änderungen an bestehenden Einträgen vornehmen.

Änderungen werden in den Stammdaten des Mitarbeiters nicht aktualisiert

Damit Änderungen, die Sie über die Option Verwalten vornehmen, auch auf Mitarbeiterebene übernommen werden, müssen Sie dem Mitarbeiter die Planstelle erneut manuell zuweisen. Meist muss dann noch eine kleine Bearbeitung vorgenommen werden, z. B. in den Notizen, damit das System die Änderung erkennt.

Aus der Übersicht heraus können Sie auch eine neue Planstelle anlegen. Um dies zu bewerkstelligen, klicken Sie bitte in Abbildung 4.34 auf die mit Pfeilen markierten Stellen: Klicken Sie zunächst wieder in den Kopfbereich der Planstelle (❶) und dann auf die drei waagrechten Striche (❷).

Abbildung 4.34: Neue Planstelle anlegen

Sie können nun entscheiden, wo die Planstelle angelegt werden soll. Dabei haben Sie folgende Möglichkeiten:

UNTERGEORDNETE PLANSTELLE HINZUFÜGEN (Add Lower-Level Position): Mit dieser Option wird die Planstelle, von der aus Sie die Neuanlage durchführen, als übergeordnete Planstelle hinterlegt und der entsprechende Inhaber als Vorgesetzter festgelegt.

PLANSTELLE AUF GLEICHER EBENE HINZUFÜGEN (Add Peer Position): Diese Option legt eine gleichgestellte Planstelle an, d. h., Vorgesetzter und übergeordnete Planstelle werden übernommen.

Die Option PLANSTELLE KOPIEREN (Copy Position) ist immer dann zu verwenden, wenn alle Angaben mit der ausgewählten Planstelle identisch sind.

Das Datum bei »Planstelle kopieren« ist wichtig!

Wenn Sie die Kopierfunktion für die Planstelle verwenden, müssen Sie das Datum der Darstellung unbedingt korrekt wählen. Die Kopie der Planstelle ist nämlich ab dem eingestellten Datum gültig (Button Heute).

Arbeiten mit der Firmenstruktur

Die Bearbeitung von Abteilungen, Geschäftsbereichen und Sparten ist vom Grundsatz her genauso durchzuführen wie die Bearbeitung der Planstellen.

Einzig das Anlegen von neuen Objekten ist etwas anders. Wie in Abbildung 4.35 ersichtlich wird, ist es nicht möglich, eine Kopie zu erstellen oder ein Objekt auf gleicher Ebene anzulegen. Nur untergeordnete Entitäten können angelegt werden.

Abbildung 4.35: Anlegen einer neuen Abteilung

In Abbildung 4.36 müssen Sie dann wählen, welche Art Entität Sie erstellen wollen. Je nach Ihren Einstellungen können in dieser Ansicht auch weitere Optionen für untergeordnete Entitäten enthalten sein (siehe Abbildung 4.37).

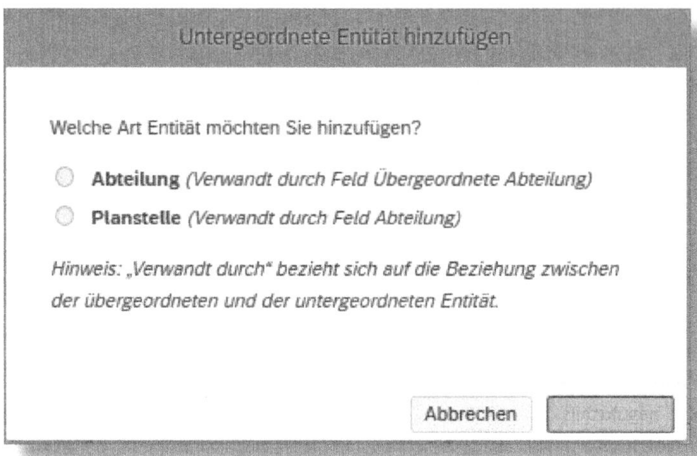

Abbildung 4.36: Beispiel für weitere Auswahl

Die Darstellung der Unternehmensstruktur können Sie ebenfalls selbst zusammenstellen und auch verschiedene Darstellungsweisen anbieten.

Klicken Sie hierzu rechts oben in der Ansicht FIRMENSTRUKTUR auf ⚙. Sie können dann bestehende Darstellungen anpassen oder über + Add eine neue Darstellung erstellen (siehe Abbildung 4.37).

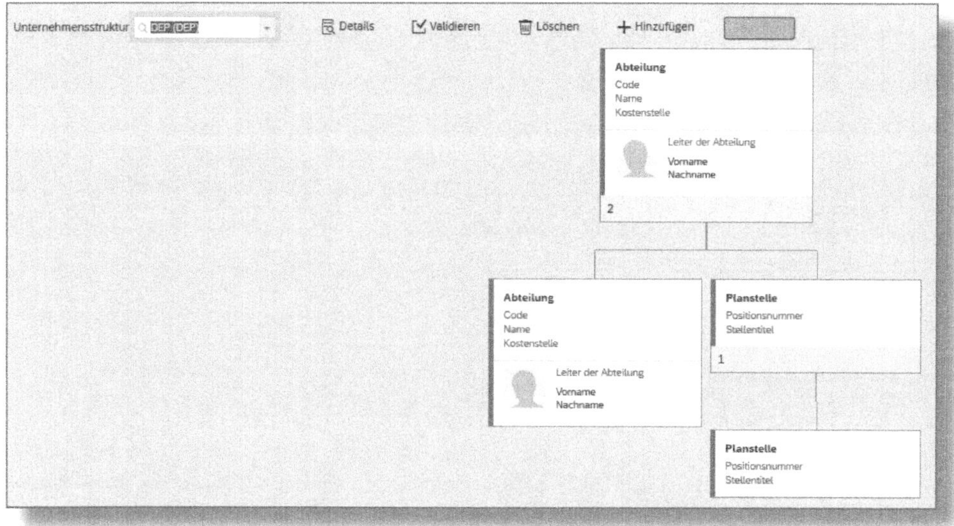

Abbildung 4.37: Beispiel einer Darstellungsvariante

Weniger ist mehr

Bedenken Sie auch bei den Darstellungsvarianten, dass manchmal weniger mehr ist. D.h., einige wenige Darstellungsvarianten sind vielleicht sinnvoller, als alle Wünsche der Benutzer zu erfüllen. Denn die Benutzer haben immer die volle Auswahl der Darstellungsvarianten und müssen jeweils die richtige auswählen.

4.5 Zusammenfassung

In diesem Kapitel haben wir die Sicht der Anwender beschrieben. Sie wissen nun, wie Sie mit Employee Central arbeiten können. Im nächsten Kapitel lernen Sie, wie Sie das System an Ihre Bedürfnisse anpassen können.

5 Anpassungen in Employee Central

In diesem Kapitel wird beschrieben, wie Sie das System an Ihre Bedürfnisse anpassen können. Dabei geht es sowohl um das Design als auch um die benötigten Felder und Strukturen sowie um die automatisierte Vorbelegung von Feldern anhand von anderen Daten bei der Eingabe.

5.1 Anpassungen von SuccessFactors an das Corporate Design des Unternehmens

5.1.1 Übersetzungen von Bezeichnungen

Das System ist darauf ausgelegt, dass sich Benutzer in unterschiedlichen Sprachen anmelden können. Sie sollten daher bei allen Bezeichnungen zusätzlich zu der Sprache, in der Sie arbeiten, noch eine Standardbezeichnung hinterlegen, damit in jedem Fall etwas angezeigt wird, wenn ein Benutzer in einer anderen Sprache angemeldet ist. Zu den Übersetzungen gelangen Sie meist über ein Weltkugelsymbol, das je nach Bereich leicht unterschiedlich aussieht (🌐 oder 🌍).

5.1.2 Logo und Systemeinstellungen

Um Ihr Firmenlogo im System verwenden zu können, müssen Sie es zunächst über die Aktion FIRMENLOGO HOCHLADEN (Upload Company Logo) einbringen (siehe Abbildung 5.1).

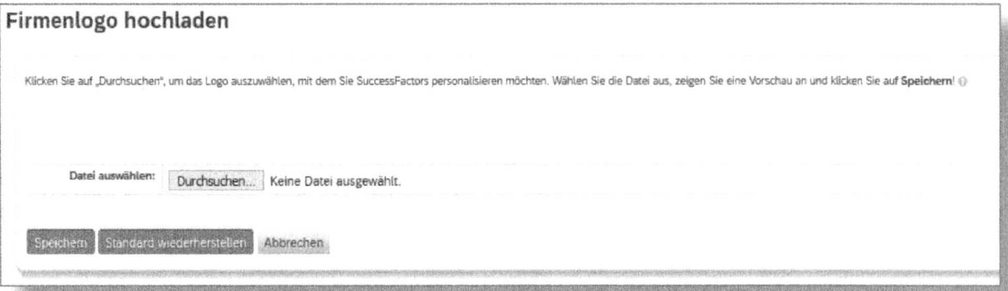

Abbildung 5.1: Hochladen des Firmenlogos

Mit der Aktion Unternehmensweite System- und Logo-Einstellungen (Company System and Logo Settings) können Sie Ihr Firmenlogo dann im System hinterlegen (siehe Abbildung 5.2).

Abbildung 5.2: Firmenlogo einbinden

Einstellungen aktivieren/deaktivieren

Welche Einstellungen (siehe Abbildung 5.3) für Ihr Unternehmen sinnvoll sind und welche deaktiviert werden können, sollten Sie am besten mit Ihrem Implementierungspartner durchsprechen und diese dann entsprechend konfigurieren.

Firmenspezifische Systemeinstellungen

Auf dieser Seite können Sie die Systemeinstellungen für die Firma ändern

- [x] Integration in Outlook-Kalender
- [x] Import von Mitarbeiterdaten über Centralized Services aktivieren
- [x] Übertragung für Vergütungsinformationen aktivieren (Hinweis: Gilt nicht für Importe)
- [ ] Daten an E-Mail für Import/Export-Aufträge anhängen.
- [x] Aktualisierung identischer Datensätze während des Employee Central-Imports für unterstützte Entitäten unterdrücken.
- [ ] Ergebnis-E-Mail für Import der Stelleninformationen nach Verarbeitung nur dann senden, wenn ein Fehler aufgetreten ist
- [x] CSF-Unterstützung für die Adresse in Importen von „Ansprechpartner im Notfall" und „Persönliche Beziehungen" aktivieren

Adresse vor dem Löschen schützen (Mitarbeiteradresse des folgenden Typs kann im Bearbeitungsmodus nicht gelöscht werden, um sicherzustellen, dass sie für Downstreamprozesse wie Gehaltsabrechnung verfügbar ist):

permanent

- [ ] Validierung obligatorischer Felder im Detailabschnitt für Angehörige aktivieren
- [ ] Validierung obligatorischer Felder im Detailabschnitt für Ansprechpartner im Notfall aktivieren
- [x] Adressüberprüfungen aktivieren
- [x] Ausweisnummernüberprüfungen aktivieren
- [x] Bankkontoüberprüfungen aktivieren
- [x] Validierungen der Zahlungsinformationen aktivieren

Abbildung 5.3: Ausschnitt der Systemeinstellungen

5.1.3 Farbgebung

Über den DESIGNMANAGER (Theme Manager) können Sie das System farblich anpassen (siehe Abbildung 5.4 und Abbildung 5.5). In der Feinabstimmung (linke Seite von Abbildung 5.5) können Sie die Farbwerte zu den jeweiligen Punkten variieren. Die Farbanpassung sehen Sie dann auf der rechten Seite (DESIGNVORSCHAU) derselben Abbildung.

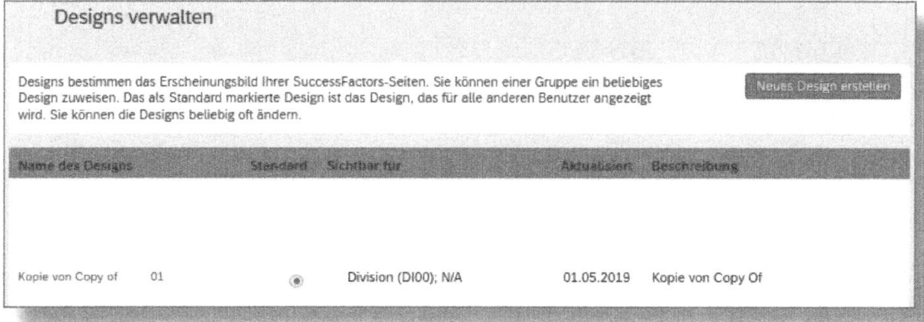

Abbildung 5.4: Einstieg in den Designmanager

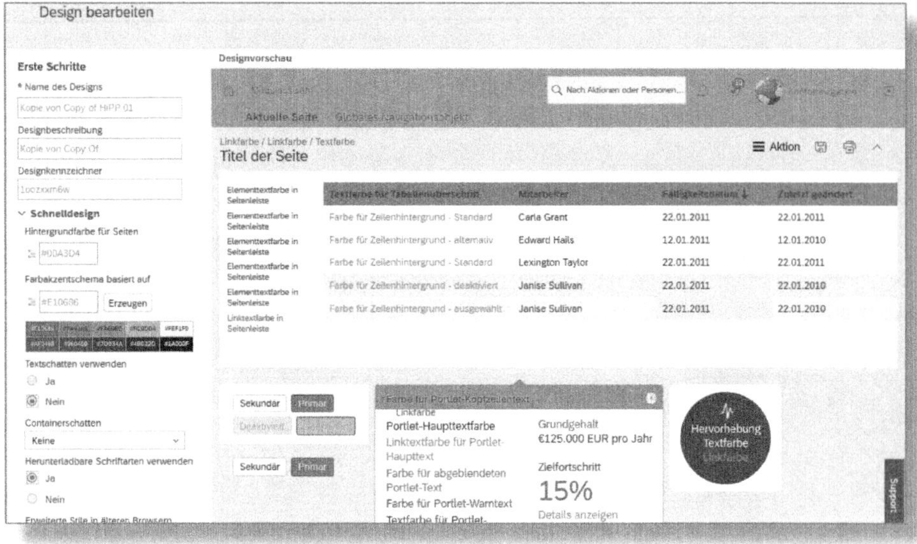

Abbildung 5.5: Ausschnitt des Designmanagers

Kopie der Standardeinstellung verwenden

Legen Sie für Ihre eigene Gestaltung in jedem Fall eine Kopie einer Standardvariante an (nutzen Sie dazu in der Übersicht (siehe Abbildung 5.4) die Funktion DUPLIZIEREN, die erscheint, wenn Sie mit dem Mauszeiger auf den Titel der Variante fahren) und passen Sie diese dann nach Ihren Wünschen an. Andernfalls kann es Ihnen passieren, dass bei einem neuen Release Ihre eigenen Einstellungen verloren gehen, da die SAP ggf. ein geändertes Standardschema mit einem Release ausliefert.

Das Schema ist systembezogen

Verwenden Sie für die unterschiedlichen Systeme (Entwicklungs-, Qualitätssicherungs- und Produktivsystem) verschiedene Farbgebungen im Kopfbereich. So erleichtern Sie Ihren Administratoren und Key-Usern die Arbeit, da sofort erkennbar ist, in welchem System sie gerade angemeldet sind.

Es können annähernd alle Aspekte farblich gestaltet werden, sodass Sie das System an Ihr Unternehmensdesign anpassen können. Einzig die Schriftart lässt sich nicht ändern.

Lesbarkeit

Achten Sie darauf, dass alles lesbar bleibt. Nutzen Sie hierzu die angebotene Vorschau. Zum Beispiel sind blau geschriebene Links auf blauem Hintergrund nur schwer oder gar nicht lesbar.

Zeitaufwand

Mit diesen Einstellungen können Sie unter Umständen viel Zeit verbringen, ohne wirkliche Ergebnisse zu erzielen. Lassen Sie sich deshalb von erfahrenen Webdesignern unterstützen oder passen Sie nach der Devise »weniger ist mehr« nur das Nötigste an und belassen Sie ansonsten die Standardvorgaben.

5.2 Anpassungen in Employee Central

5.2.1 Sektionen konfigurieren

Mit der Aktion PERSONENPROFIL KONFIGURIEREN (Configure People Profile) können Sie die Haupt- und Untersektionen von *Employee Central* einrichten (siehe Abbildung 5.6).

Unterschied Haupt- und Untersektion

Eine Hauptsektion ist z.B. die Sektion PERSÖNLICHE INFORMATIONEN (in Abbildung 5.6 dunkelgrau hinterlegt). Diese wiederum gliedert sich u.a. in die Untersektionen BIOGRAFISCHE INFORMATIONEN, ADRESSINFORMATION, KONTOVERBINDUNG etc.

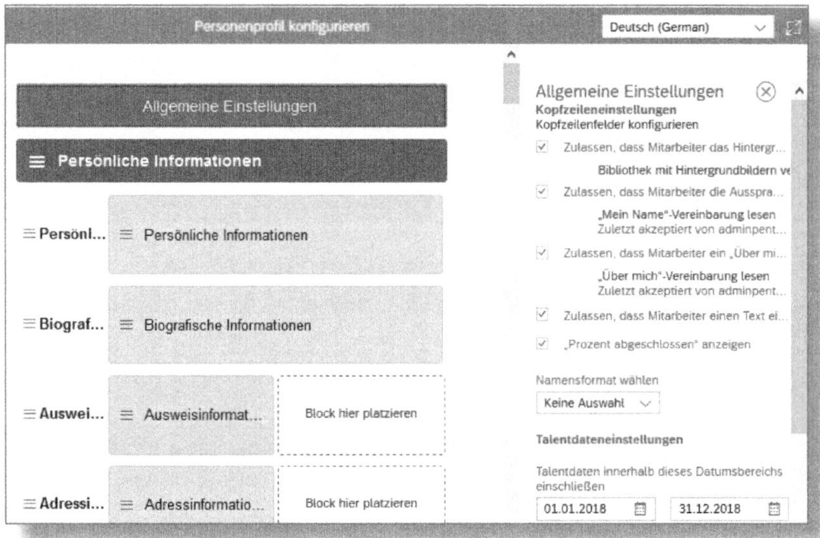

Abbildung 5.6: Anpassungsmöglichkeiten Allgemeine Einstellungen

Allgemeine Einstellungen

Mitarbeiter haben grundsätzlich die Möglichkeit, bestimmte Aspekte ihres Kopfbereichs (siehe Abbildung 5.7) selbst zu gestalten. In den ALLGEMEINEN EINSTELLUNGEN können Sie festlegen, welche der folgenden Aspekte jeweils modifiziert werden können:

- Hintergrundbild des eigenen Profils ändern
- Audioaufnahme des Namens (damit andere sich die richtige Betonung anhören können)

- Kurzes »Über mich«-Video aufnehmen
- Einleitungstext schreiben
- Prozent der Fertigstellung des eigenen Profils anzeigen

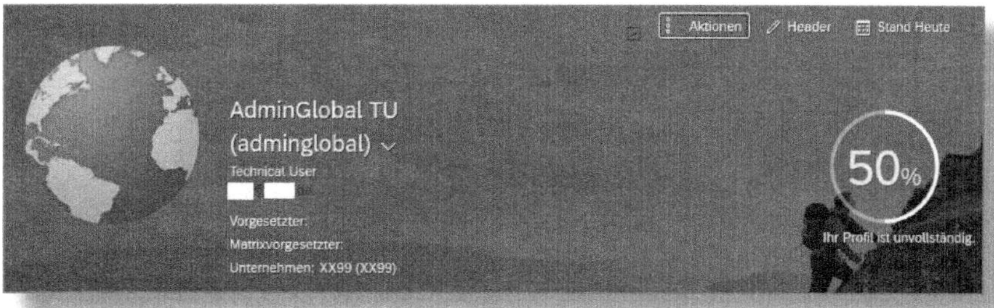

Abbildung 5.7: Kopfbereich des Mitarbeiterprofils

Sektionen einstellen

Klicken Sie die Hauptsektion (am Balken über dem ganzen Bereich erkennbar) bzw. die Untersektion (immer ganz links) an und entfernen Sie dann im rechten Bereich den Haken bei DIESEN ABSCHNITT IM PROFIL ANZEIGEN (siehe Abbildung 5.8). Ob eine Sektion ausgeblendet ist, erkennen Sie an dem durchgestrichenen Auge.

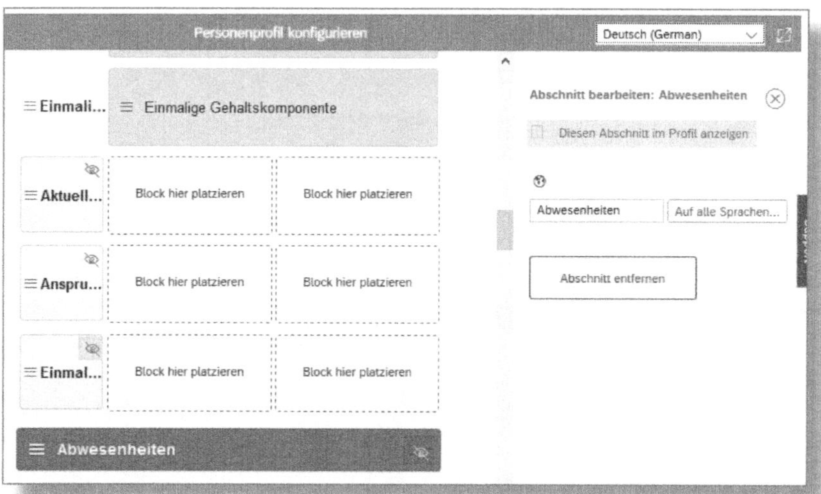

Abbildung 5.8: Sektionen verwalten

Untersektionen dennoch sichtbar

Wenn Sie die Hauptsektion ausblenden wollen, so müssen Sie auch die Untersektionen ausblenden, da diese sonst ohne die Überschrift der Hauptsektion immer noch sichtbar bleiben.

Ebenso können Sie den Text der gewählten Sektion anpassen. Klicken Sie dazu die Sektion im linken Bereich an und ändern Sie dann im rechten Bereich den Text. Vergessen Sie dabei nicht, auch die Übersetzungen mittels Klick auf ◐ zu ändern.

Sie können zudem eigene Sektionen erstellen und mit Informationen anreichern, die Sie dafür selbst gestalten können (Stichwort *Metadata Framework*, kurz *MDF*). Wie das geht, wird in Abschnitt 5.2.5 beschrieben.

5.2.2 Felder in Employee Central anpassen

Über die Aktion GESCHÄFTSKONFIGURATION VERWALTEN (Manage Business Configuration) können Sie die Felder der einzelnen Sektionen in Employee Central anpassen (siehe Abbildung 5.9).

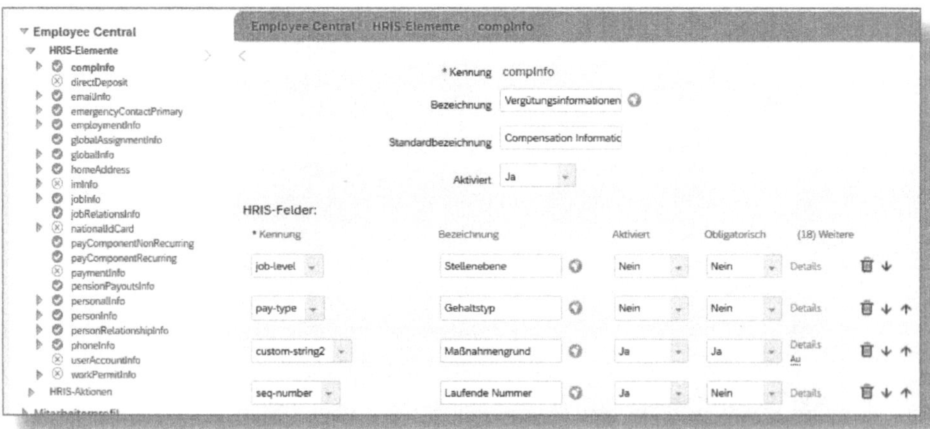

Abbildung 5.9: Felder ein-/ausblenden

Damit ein Feld eingeblendet ist, muss die Auswahl in der Spalte Aktiviert auf Ja stehen. Bei Nein ist das Feld ausgeblendet.

Nach dem Klick auf Details in Abbildung 5.10 können Sie weitere Anpassungen vornehmen, z. B. eine sogenannte Auswahlliste (*Pickliste*) hinterlegen – mehr dazu in Abschnitt 5.2.4.

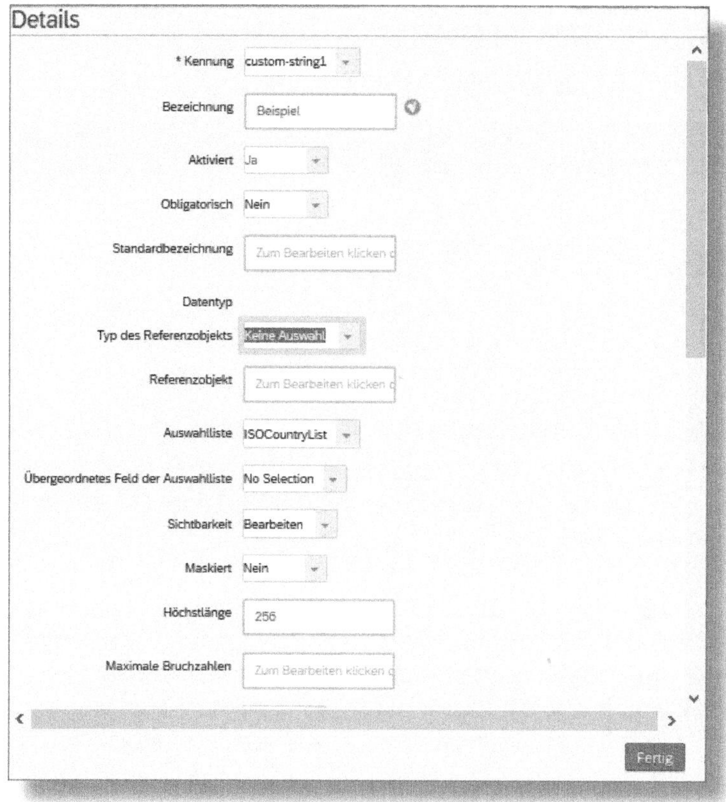

Abbildung 5.10: Felddetails (Ausschnitt)

Durch Ausblenden der gesamten Untersektion können Sie alle darin enthaltenen Felder auf einmal ausschalten. Wie in Abbildung 5.11 zu sehen, ist dafür das Feld Aktiviert auf Nein zu setzen.

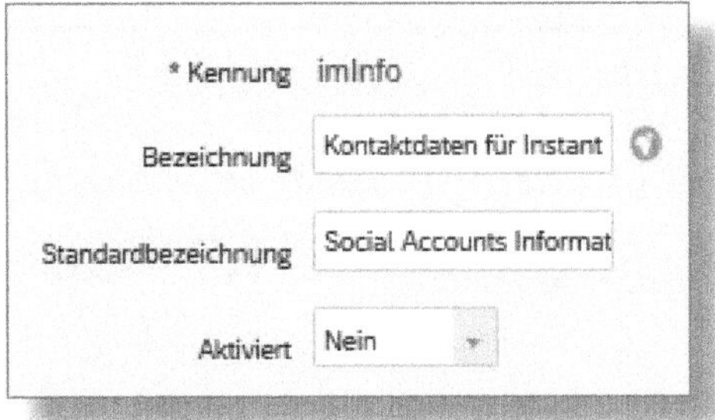

Abbildung 5.11: Ausgeblendete Sektion

Berechtigungen beachten

Wenn Sie die Sektion an dieser Stelle ausblenden, kann sie niemand sehen oder ändern, egal, ob die Person die Berechtigung dazu hat.

Pro Feld in der jeweiligen Sektion können Sie entscheiden, ob das Feld zur Anzeige kommt und ob es ein Pflichtfeld (OBLIGATORISCH auf JA setzen) sein soll. Hier gilt das gleiche wie für die Sektion: Ausgeblendete Felder sind für niemanden mehr sichtbar, auch wenn die Felder berechtigt sind.

Zu einer Sektion können Sie auch eine oder mehrere GESCHÄFTSREGELN (Business Rules) hinterlegen. Das sind Regeln zum automatischen Befüllen von Feldwerten anhand bestimmter Kriterien. Hierzu müssen Sie im Bereich AUSLÖSEREGELN auswählen, von welchem BASISOBJEKT die Regel ausgeht, wann sie zum Einsatz kommt und um welche Regel es sich handelt (siehe Abbildung 5.12). Wie Sie diese *Geschäftsregeln* einrichten können, erklären wir detailliert in Abschnitt 5.2.3.

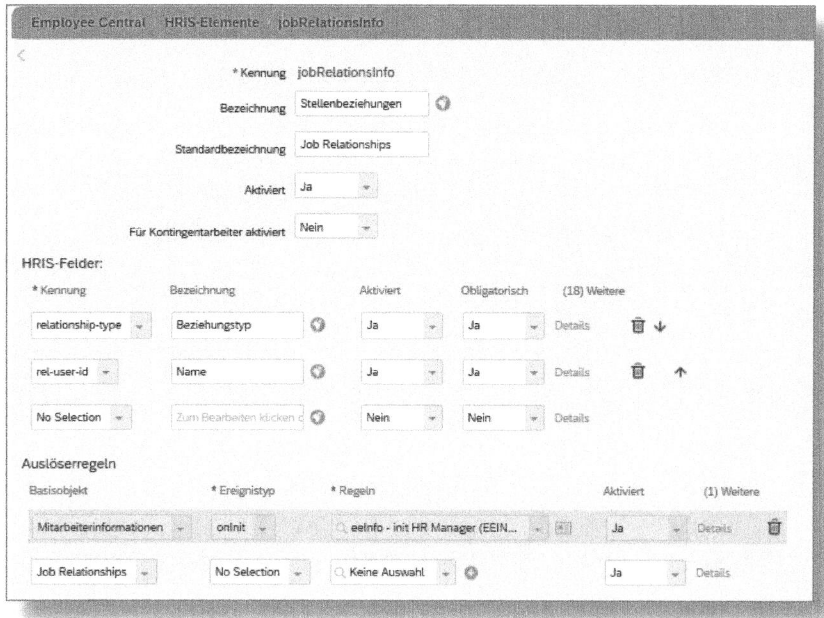

Abbildung 5.12: Einbinden von Geschäftsregeln

Nicht mehr verwendete Geschäftsregeln

Wenn eine Geschäftsregel nicht mehr verwendet werden soll, können Sie sie auch einfach ausschalten, anstatt sie zu löschen. Das erspart Ihnen später die Suche nach der richtigen Einstellung, wenn sie wieder benötigt wird.

Es ist außerdem möglich, weitere kundeneigene Felder hinzuzufügen. Wählen Sie – wie in Abbildung 5.13 gezeigt – bei Kennung das Format des kundeneigenen Feldes aus und füllen Sie die Bezeichnung (inkl. Übersetzungen) sowie die weiteren Felder nach dem Klick auf Details aus.

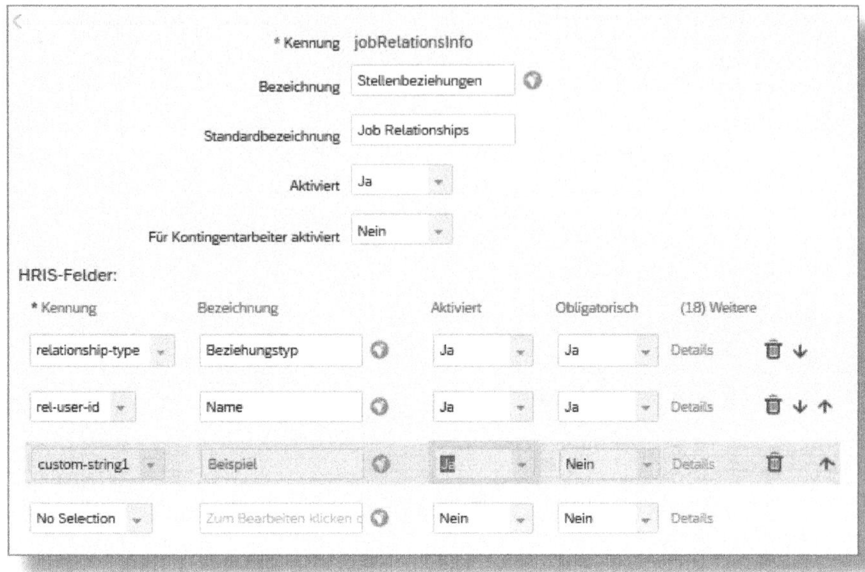

Abbildung 5.13: Eigene Felder einfügen

Limitierte Anzahl an Kundenfeldern

Je nach Sektion steht Ihnen nur eine begrenzte Anzahl an kundeneigenen Feldern zur Verfügung. Überlegen Sie daher gut, ob Sie das Feld tatsächlich benötigen und ob es in die globale Sektion gehört oder nur für ein bestimmtes Land gebraucht wird und somit in den Landesteil (erkennbar an z.B. »_DE« für den deutschen Landesteil) der Sektion eingebunden werden sollte.

5.2.3 Geschäftsregeln konfigurieren

Über die Aktion Geschäftsregeln konfigurieren (Configure Business Rules) gelangen Sie zur Übersichtsseite der Geschäftsregeln (siehe Abbildung 5.14).

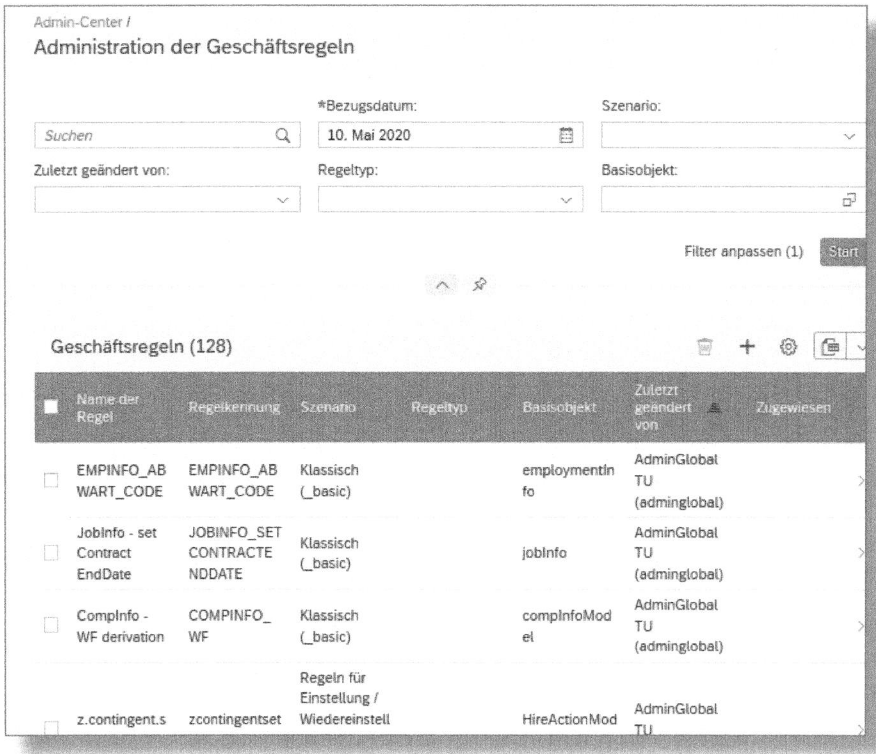

Abbildung 5.14: Übersicht über die Geschäftsregeln

Wählen Sie eine vorhandene Regel durch Anklicken aus, und Sie gelangen auf die Seite zum Anpassen der Regel (siehe Abbildung 5.15).

Um die Regel anzupassen, müssen Sie – wie in Abbildung 5.15 gezeigt – zunächst auf MASSNAHME ERGREIFEN (Take Action) klicken und dann im Auswahlmenü KORREKTUR VORNEHMEN (Make Correction) auswählen.

Abbildung 5.15: Detailsicht der Geschäftsregeln

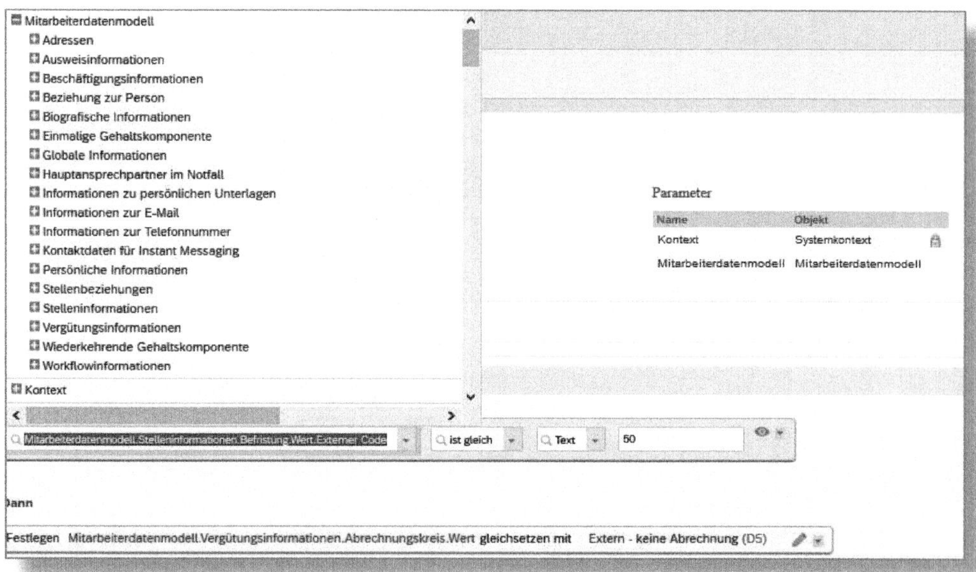

Abbildung 5.16: Anpassung einer Geschäftsregel

Die einzelnen Werte können Sie über die Auswahlmenüs anpassen (siehe Abbildung 5.16). Ebenso können Sie weitere Bedingungen eingeben sowie die »Ausgabe« anpassen und erweitern, ganz nach Ihren Wünschen und Bedürfnissen.

Es sind beliebig viele Verschachtelungen mittels »Sonst Wenn« (»Else If«) möglich. Des Weiteren lassen sich die Bedingungen durch Verknüpfungen mit »und« bzw. »oder« verfeinern. Die Ergebnisse (»Sonst« (Then)-Teil)) können ebenfalls beliebig viele Felder der gleichen Untersektion enthalten, die dann mit entsprechenden Werten belegt werden können.

Mit gleicher Bedingung Felder in unterschiedlichen (Unter-)Sektionen anpassen

Wenn Sie mit ein und derselben Bedingung Felder in verschiedenen (Unter-)Sektionen anpassen wollen, so benötigen Sie dafür zwei Regeln, die Sie dann in der jeweiligen Sektion in der Geschäftskonfiguration (Business Configuration) einbinden müssen. Sie können eine erstellte Regel kopieren und für die anderen Felder anpassen.

Um eine neue Regel zu erstellen, klicken Sie auf das Symbol + in der Übersichtsseite (Abbildung 5.14). Sie können auch in der Detailsicht auf Neue Regel erstellen (Create New Rule) klicken.

Zunächst müssen Sie entscheiden, für welches *Szenario* die Regel gelten soll (siehe Abbildung 5.17).

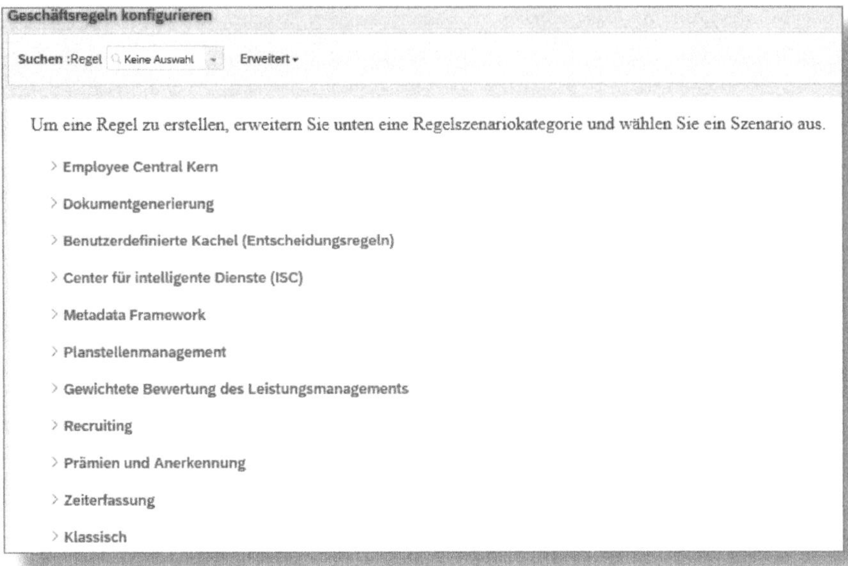

Abbildung 5.17: Szenario-Auswahl für Geschäftsregeln

Je nachdem, wann die Geschäftsregel zum Einsatz kommt, müssen Sie sich für ein Szenario entscheiden. Wenn während der Einstellmaßnahme Felder vorbelegt werden sollen, so ist das Szenario Employee Central Kern (Employee Central Core) zu wählen. Bei Feldanpassungen während der Stammdatenpflege sollten Sie Klassisch (Basic) wählen. Im Anschluss vergeben Sie einen Namen für die Geschäftsregel und legen den Gültigkeitszeitraum fest. Danach können Sie die Regel wie beim Editieren nach Ihren Wünschen aufbauen bzw. gestalten.

5.2.4 Auswahllisten verwalten

Um Auswahllisten anzupassen, rufen Sie die Aktion Auswahllisten-Center (Picklist Center) auf (siehe Abbildung 5.18).

Nicht jede Auswahlliste wird über Werte aus dem Auswahllisten-Center versorgt

Es gibt im System auch Auswahllisten, die über die Werte des Metadata Frameworks (MDF) gespeist werden. Wie Sie die Werte für diese Felder pflegen, wird in Abschnitt 5.2.5 erklärt.

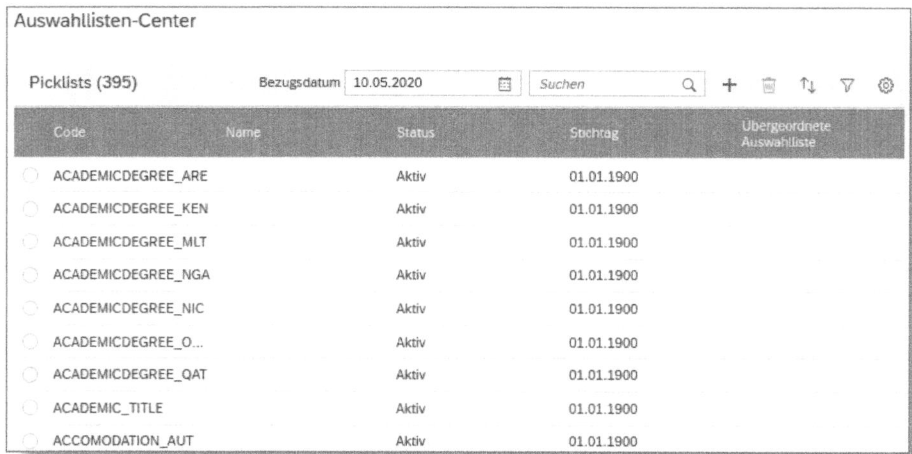

Auswahllisten-Center

Picklists (395) Bezugsdatum 10.05.2020 Suchen

Code	Name	Status	Stichtag	Übergeordnete Auswahlliste
ACADEMICDEGREE_ARE		Aktiv	01.01.1900	
ACADEMICDEGREE_KEN		Aktiv	01.01.1900	
ACADEMICDEGREE_MLT		Aktiv	01.01.1900	
ACADEMICDEGREE_NGA		Aktiv	01.01.1900	
ACADEMICDEGREE_NIC		Aktiv	01.01.1900	
ACADEMICDEGREE_O...		Aktiv	01.01.1900	
ACADEMICDEGREE_QAT		Aktiv	01.01.1900	
ACADEMIC_TITLE		Aktiv	01.01.1900	
ACCOMODATION_AUT		Aktiv	01.01.1900	

Abbildung 5.18: Ausschnitt vorhandener Auswahllisten

Welche Auswahlliste für welches Feld hinterlegt ist, finden Sie in den Feld-Details in der Geschäftskonfiguration (siehe Abschnitt 5.2.2).

Auswahllisten anpassen/ergänzen

Über das Suchfeld können Sie direkt die gewünschte Auswahlliste zur Anzeige bringen. Dabei reichen auch schon einige Buchstaben, wobei die Groß- und Kleinschreibung keine Rolle spielt (siehe Abbildung 5.19).

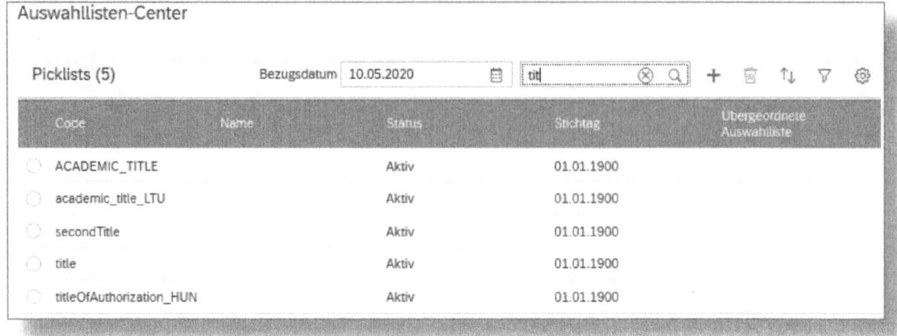

Abbildung 5.19: Suche nach Auswahllisten, die »Tit« im Namen haben

Wenn Sie nun auf den Namen der gesuchten Auswahlliste klicken, gelangen Sie auf eine Zwischenansicht (siehe Abbildung 5.20).

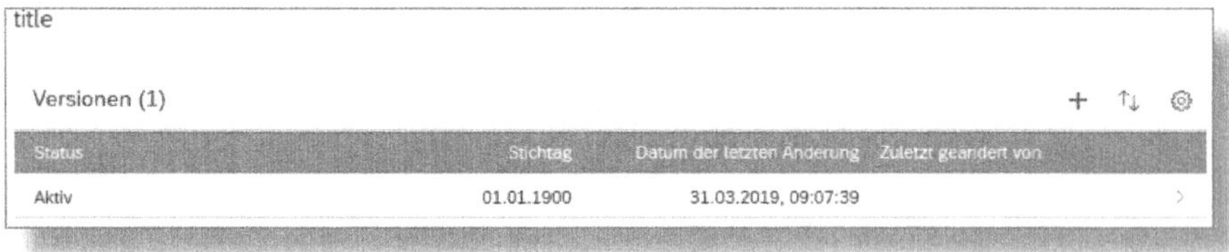

Abbildung 5.20: Zwischenansicht

Ein Klick auf die Zeile führt dann zur Anzeige der Listenwerte (siehe Abbildung 5.21).

Nicht gewünschte Listen »inaktiv« setzen

Es ist grundsätzlich empfehlenswert, nicht benutzte Listen auf INAKTIV zu setzen, anstatt sie zu löschen. So bleiben die Listen im System erhalten für den Fall, dass sie später doch noch benötigt werden. Gerade Standardlisten der SAP werden sonst ggf. mit einem Update wieder eingespielt und müssten erneut gelöscht werden.

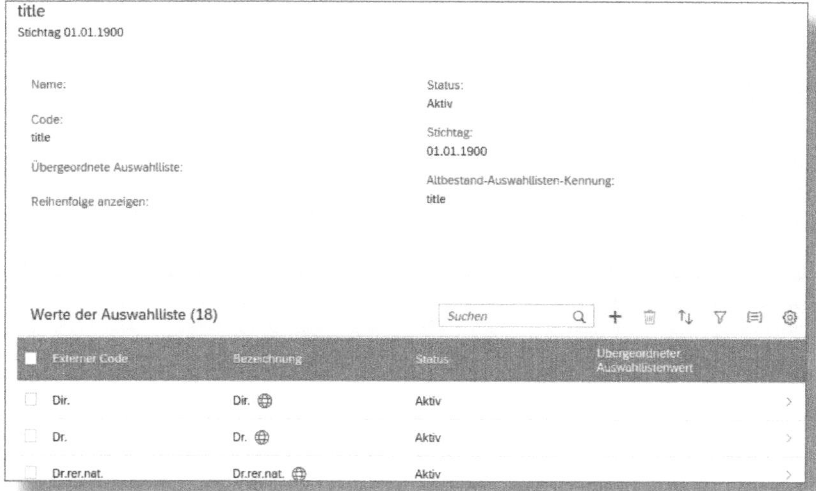

Abbildung 5.21: Detailsicht der Auswahlliste

Mittels BEARBEITEN in der rechten oberen Ecke können Sie den Status der gesamten Liste auf AKTIV oder INAKTIV setzen.

Um einzelne Werte zu verändern, klicken Sie auf den jeweiligen Wert und passen diesen an (siehe Abbildung 5.22).

Wert der Auswahlliste bearbeiten

*Externer Code:	Dir.
*Bezeichnung:	Dir.
Status:	Aktiv
Nicht eindeutiger externer Code:	Dir.
R-Wert:	0
Status (alt):	
Mindestwert:	-1,00000000000000000
Höchstwert:	-1,00000000000000000
Wert:	-1,00000000000000000
Optionskennung:	22.067
Datum der letzten Änderung:	31.03.2019, 09:07:39
Zuletzt geändert von:	

Abbildung 5.22: Auswahllisten-Werte anpassen

Mithilfe des Weltkugelsymbols 🌐 können Sie die Werte in die im System hinterlegten Sprachen übersetzen, und das Symbol + ermöglicht es Ihnen, weitere Werte zu ergänzen.

Eigene Auswahllisten anlegen

Um eine neue Liste anzulegen, wählen Sie in der Übersicht das Symbol +. Geben Sie nun den Namen für die Liste ein und vergeben Sie anschließend die gewünschten Werte.

Abhängigkeiten zwischen Listen festlegen

Manchmal sind die Werte einer Liste von einem Wert aus einer anderen Liste abhängig. Dafür gibt es das Feld Übergeordnete Auswahlliste (Parent Picklist) bzw. auf Wertebene das Feld Übergeordneter Auswahllistenwert (Parent Picklist Value).

Abhängige Werte pflegen

Die Liste »Räume« soll von dem Standort abhängen. Sie legen also zuerst die Liste »Standort« mit den Werten »Berlin« und »Paris« an. Als Nächstes legen Sie die Liste »Räume« an und tragen in das Feld Übergeordnete Auswahlliste die Liste »Standort« ein. Bei der Pflege der Werte für die Räume müssen Sie dann bei jedem Raum in dem Feld Übergeordneter Auswahllistenwert festlegen, ob der Raum auswählbar sein soll, wenn bei Standort »Berlin« gewählt wurde oder eben »Paris«.

5.2.5 Daten verwalten (MDF)

Im Bereich Daten verwalten (MDF) können Sie so gut wie alle Standardobjekte im System mit unternehmenseigenen Daten hinterlegen. Hier richten Sie die Werte für Ihre Unternehmenseinheiten (Company), Ihre Tarifstruktur und noch vieles mehr ein. Außerdem können Sie in diesem Abschnitt auch Werte für andere Module pflegen, u. a. auch für das Recruiting, auf das wir in Kapitel 6 näher eingehen.

Vorgehen wird anhand eines Objekts beschrieben

Im Folgenden wird das Anpassen und Ergänzen der Werte beispielhaft an dem Objekt Tarifgebiet (Pay Scale Area) erklärt. Für andere Objekte ist das Vorgehen identisch und wird daher nicht gesondert beschrieben.

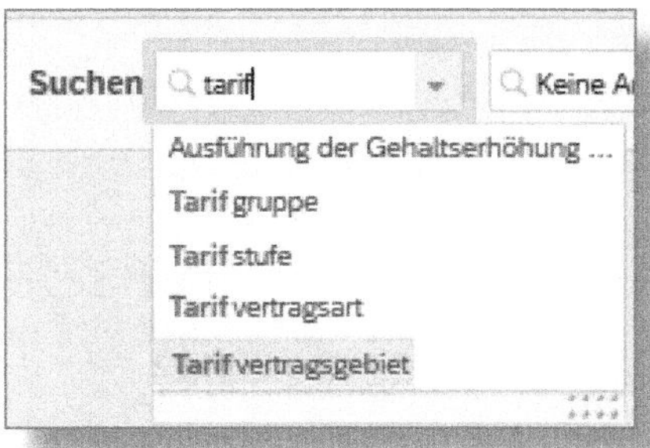

Abbildung 5.23: Aufruf des Objekts

Tragen Sie in das erste (linke) Suchfeld den Objektnamen ein (siehe Abbildung 5.23). Das System schlägt dann schon anhand von wenigen Buchstaben vorhandene Werte vor.

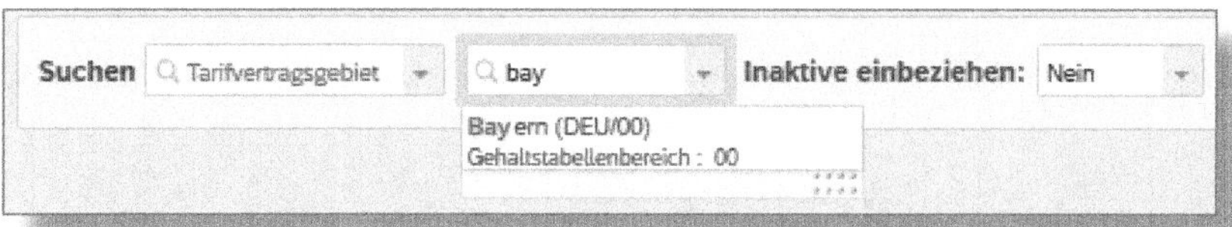

Abbildung 5.24: Auswahl des anzupassenden Werts

Verfahren Sie für die Werte des Objekts ebenso, indem Sie das Suchfeld rechts neben dem Objekt ausfüllen (siehe Abbildung 5.24).

Wert nicht gefunden – Inaktiv?

Wenn Sie einen Wert nicht finden, obwohl Sie sicher sind, dass dieser im System bereits hinterlegt ist, schließen Sie auch die »inaktiven« Felder in Ihre Suche ein. Dazu setzen Sie einfach das Auswahlfeld INAKTIVE EINBEZIEHEN auf JA.

Abbildung 5.25: Wert-Details

Nachdem Sie den zu ändernden Wert gefunden haben, können Sie über die Optionen MASSNAHME ERGREIFEN und KORREKTUR VORNEHMEN nun Anpassungen daran vornehmen (siehe Abbildung 5.25).

Auch hier können Sie über das Weltkugelsymbol die Werte in andere Sprachen übersetzen.

Wenn Sie neue Werte für ein Objekt erstellen möchten, dann wählen Sie das jeweilige Objekt in der Auswahl bei NEU ERSTELLEN aus (siehe Abbildung 5.26).

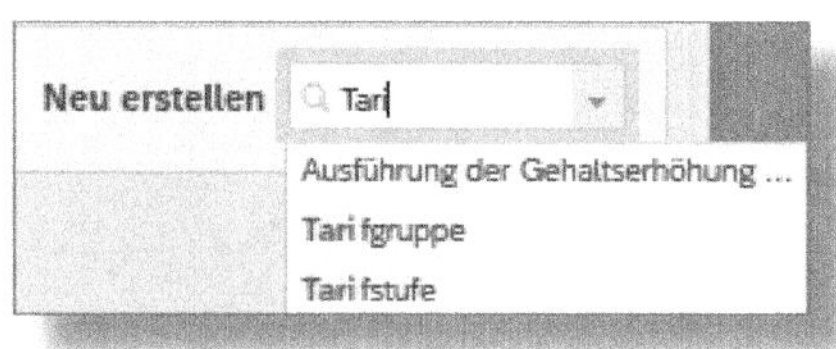

Abbildung 5.26: Neues Tarifgebiet

Füllen Sie nun alle Pflichtfelder aus und vergessen Sie dabei nicht die Übersetzung der Texte (siehe Abbildung 5.27).

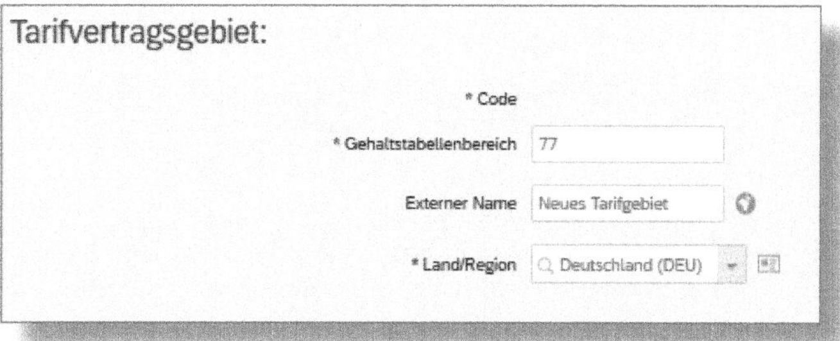

Abbildung 5.27: Werte für ein neues Tarifgebiet

Zum Schluss speichern Sie das Ganze noch über die entsprechende Schaltfläche ab.

5.2.6 Strukturen für Organisation, Gehalt und Stellen verwalten

Einige wenige Objekte lassen sich nicht über Daten verwalten pflegen. Für diese Objekte müssen Sie die Aktion Strukturen für Organisation, Gehalt und Stellen verwalten (Manage Organization, Pay and Job Structures) aufrufen. Welche Objekte das im Speziellen sind, sehen Sie in Abbildung 5.28.

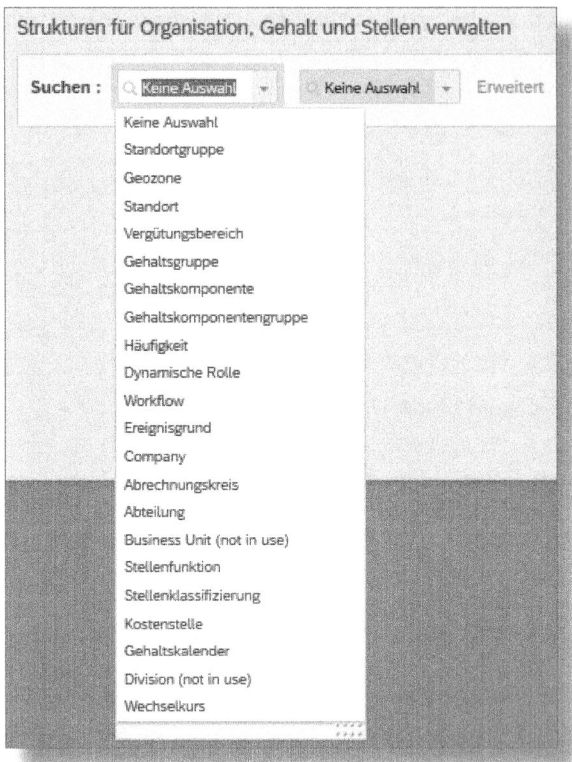

Abbildung 5.28: Objekte der Aktion »Strukturen für Organisation«, »Gehalt und Stellen verwalten«

Die Pflege und auch die Neuanlage der Objekte sind hier genauso aufgebaut wie bei DATEN VERWALTEN.

Wenn Sie im Mitarbeiterprofil im Bereich VERGÜTUNGSINFORMATION (Compensation) die Übersicht über das Gehalt anzeigen möchten, müssen Sie die GEHALTSKOMPONENTEN (Pay Components) gruppieren. Legen Sie hierzu eine GEHALTSKOMPONENTENGRUPPE (Pay Component Group) an und weisen Sie dieser die gewünschten Gehaltskomponenten zu (siehe Abbildung 5.29).

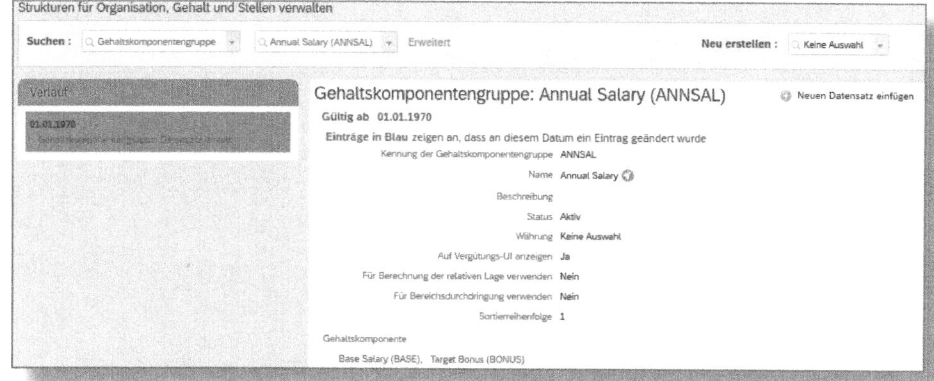

Abbildung 5.29: Beispiel für eine Gehaltskomponentengruppe

5.2.7 Benutzerdefinierte Navigation konfigurieren

Sie können innerhalb von SuccessFactors auch auf andere bzw. externe Inhalte verlinken. Damit diese Inhalte aus den verschiedenen Menüs heraus aufgerufen werden können, gehen Sie wie folgt vor:

Rufen Sie die Aktion BENUTZERDEFINIERTE NAVIGATION KONFIGURIEREN (Configure Custom Navigation) auf und füllen Sie die in Abbildung 5.30 gezeigten Felder aus:

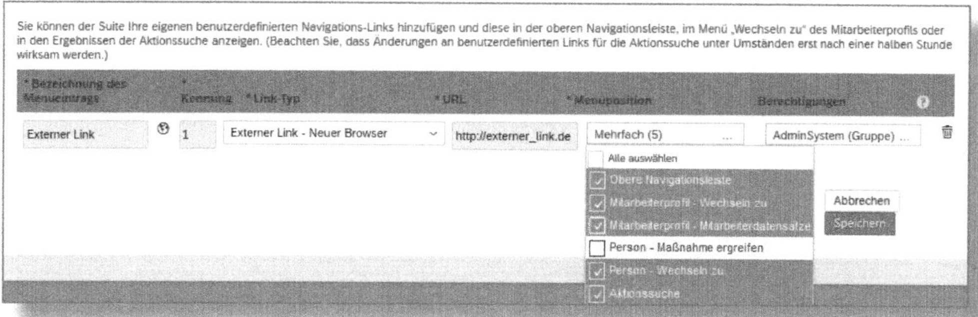

Abbildung 5.30: Externen Link in SuccessFactors aufrufbar machen

- Wählen Sie einen prägnanten Namen für die BEZEICHNUNG DES MENÜEINTRAGS.
- Vergeben Sie eine KENNUNG (ID).
- Entscheiden Sie, wie der Link aufgerufen werden soll (LINK-TYP).
- Tragen Sie den Hyperlink im Feld URL ein.
- Wählen Sie die Menüstellen unter MENÜPOSITION (Menu Location) aus, in denen der Aufruf des Links möglich sein soll.
- Legen Sie unter BERECHTIGUNGEN (Permissions) fest, wer den neuen Aufruf sehen und verwenden darf.
- SPEICHERN Sie anschließend Ihre Einstellungen.

5.2.8 Startseite verwalten

Um einen solchen Absprung direkt auf der Startseite der Benutzer (mit entsprechender Berechtigung) als Kachel anzulegen, müssen Sie die Aktion STARTSEITE VERWALTEN (Manage Home Page) nutzen (siehe Abbildung 5.31).

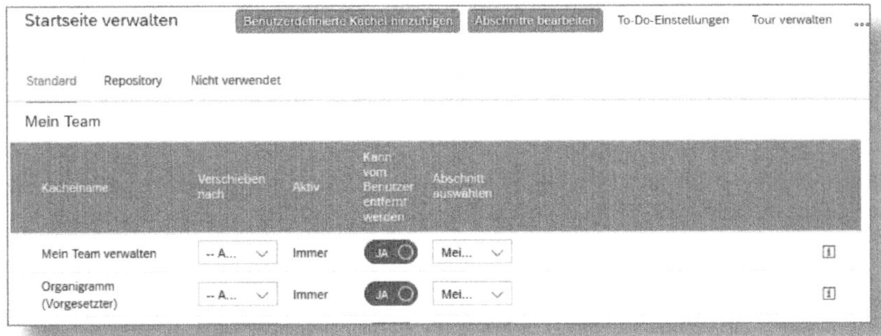

Abbildung 5.31: Ausschnitt von STARTSEITE VERWALTEN

Hier können Sie für die vorhandenen Kacheln entscheiden, ob der Benutzer diese selbst entfernen darf oder nicht. Ebenso können Sie diese in andere Sektionen verschieben oder ganz von der Einstiegsseite entfernen. Für das Entfernen steht Ihnen die Spalte VERSCHIEBEN NACH (Move To) mit der Auswahl REPOSITORY und NICHT VERWENDET (Not Used) zur Verfügung. Von den jeweiligen Reitern aus können die Kacheln dann wieder auf die Startseite verschoben werden. Für das Verschieben in eine andere Sektion verwenden Sie bitte die Auswahlmöglichkeiten in der Spalte ABSCHNITT AUSWÄHLEN (Selection Section).

Wenn Sie nun den oben genannten Absprung auch als Kachel realisieren wollen, klicken Sie auf BENUTZERDEFINIERTE KACHEL HINZUFÜGEN (Add Custom Tile). Sie werden dann anhand von 4 Schritten durch den Anlegevorgang geführt.

Wie in Abbildung 5.32 ersichtlich, werden im ersten Schritt die allgemeinen Angaben gemacht. Der KACHELNAME ist nur intern für die Administratoren ersichtlich und nicht der beim Anwender angezeigte.

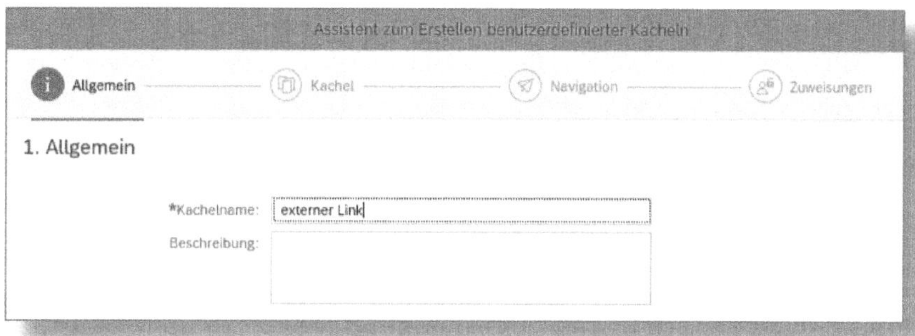

Abbildung 5.32: Eigene Kachel – Schritt 1 – Titel eingeben

Im zweiten Schritt (siehe Abbildung 5.33) legen Sie das Aussehen der Kachel fest. Hierbei sind einige Teilschritte durchzuführen.

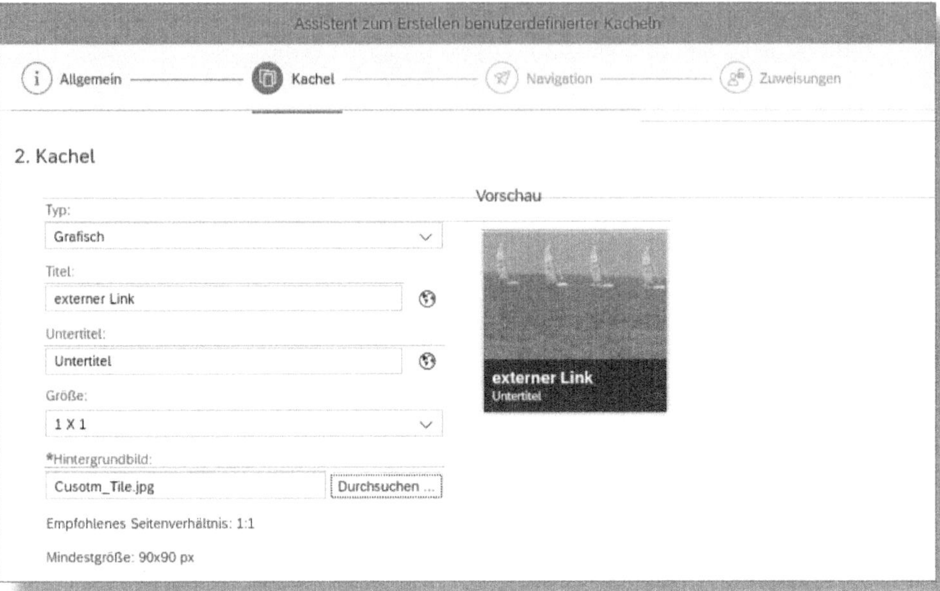

Abbildung 5.33: Eigene Kachel – Schritt 2 – Aussehen der Kachel

Legen Sie zunächst den Kacheltyp fest. Dafür stehen Ihnen folgende Möglichkeiten zur Auswahl:

- *Statisch*
- *Dynamisch*
- *Grafisch*

Vergeben Sie anschließend einen Titel und ggf. einen Untertitel. Vergessen Sie dabei nicht, über das Symbol die Übersetzungen mit einzugeben.

Sofern Sie eine grafische Kachel gewählt haben, müssen Sie noch die Größe festlegen (1 × 1 oder 1 × 2) und ein entsprechend dimensioniertes Bild hochladen.

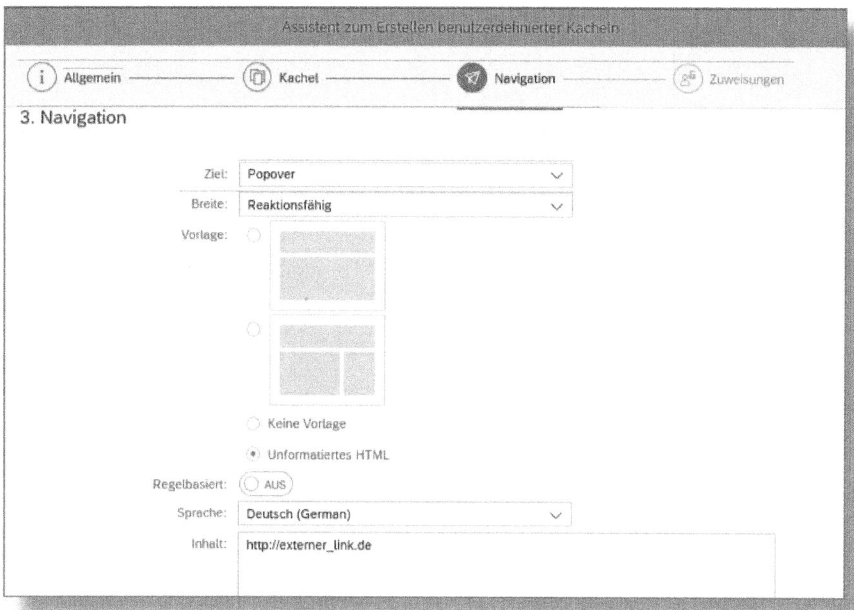

Abbildung 5.34: Eigene Kachel – Schritt 3 – wohin und wie wird verlinkt

Im dritten Schritt (siehe Abbildung 5.34) wird festgelegt, wie der Link aufgerufen wird. Dabei gibt es die folgenden Möglichkeiten:

- *Popover:* Hier wird ein zusätzliches Fenster über das aktuelle Browserfenster gelegt. Wird das darübergelegte Fenster geschlossen, ist man wieder an der Stelle im System, von der aus der Aufruf erfolgt ist.
- *URL:* Wenn Sie unterhalb von URL den Haken bei ☐ Link in neuem Fenster/Tab öffnen setzen, wird ein neues Fenster/eine neue Registerkarte geöffnet. Wenn nicht, dann erfolgt der Aufruf innerhalb des aktuellen Fensters, und eine Rückkehr zu SuccessFactors ist unter Umständen nicht mehr möglich.
- *E-Mail:* Hinterlegen Sie hier eine E-Mail-Adresse (z. B., um den Support zu kontaktieren).

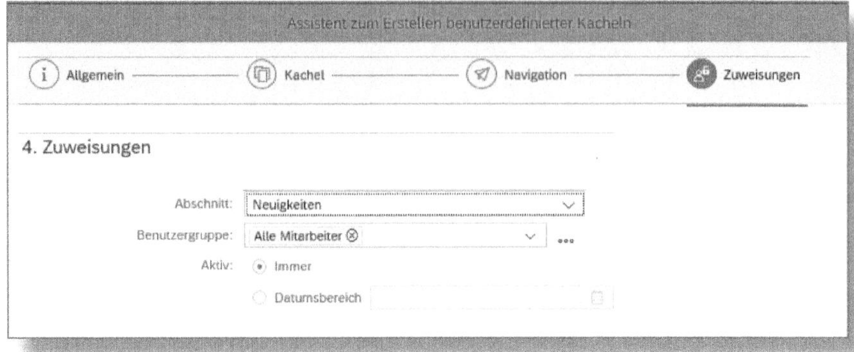

Abbildung 5.35: Eigene Kachel – Schritt 4 – wo und für wen

Wählen Sie zum Schluss noch die Sektion aus, in der die Kachel angezeigt werden soll, und wählen Sie, für wen diese angezeigt werden soll (siehe Abbildung 5.35).

Die Benutzergruppe ist keine Berechtigungsgruppe

Beachten Sie, dass die hier benutzten Gruppen keine Berechtigungsgruppen aus der Berechtigungsverwaltung sind. Außerdem können Benutzergruppen (User Groups) auch nicht anhand der Systemrolle vergeben werden (z.B. »Alle Vorgesetzten« ist nicht als Attribut wählbar). Entweder legen Sie eine Berechtigungsrolle (Permission Role) ohne weitere Berechtigungen an, die auf die jeweilige geforderte Benutzergruppe eingeschränkt ist, und verwenden dann diese Rolle oder Sie legen eine kundeneigene Sektion an.

Eine kundeneigene Sektion können Sie dann dediziert für *Systemrollen* (wie z.B. Vorgesetzte) berechtigen (siehe Abbildung 5.36). Klicken Sie dafür auf ABSCHNITTE BEARBEITEN (Edit Sections) (siehe Abbildung 5.31).

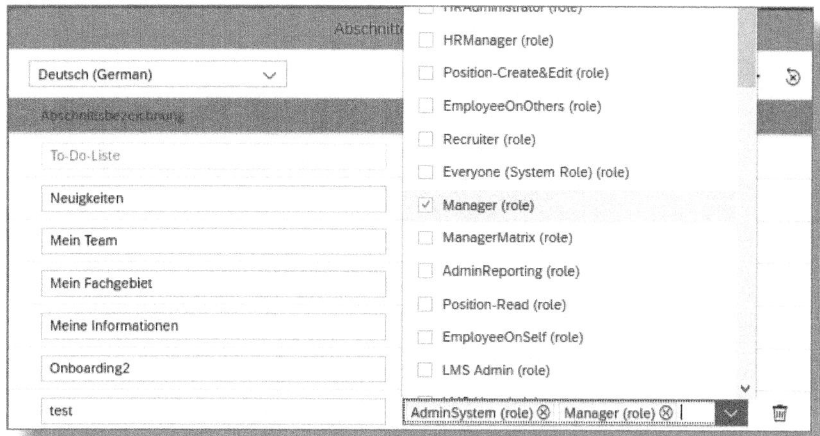

Abbildung 5.36: Anlegen einer eigenen Sektion

Hier haben Sie dann sämtliche Rollen aus dem Berechtigungsbereich und auch alle eingerichteten Berechtigungsgruppen zur Verfügung und können so die Sektion zielgenau für die richtigen Benutzer zur Anzeige bringen.

Verwendung von zwei Rollen/Berechtigungsgruppen

Wenn Sie zwei oder mehr Berechtigungen kombinieren, so erhält jede Gruppierung die Berechtigung, auf diese Sektion zuzugreifen. Wenn etwa Standort X und Standort Y gegeben sind und bereits die Berechtigungsgruppen »Mitarbeiter des Standorts X« und »alle Führungskräfte« bestehen, so ist es aktuell nicht möglich, die beiden Kriterien so zu verknüpfen, dass beide Bedingungen gleichzeitig zutreffen (z. B. nur Führungskräfte des Standorts X sollen die Sektion sehen). Die Kombination der Gruppen »alle Führungskräfte« und »Mitarbeiter des Standorts X« führt dazu, dass alle Führungskräfte (egal welcher Standort) UND alle Mitarbeiter von Standort X (egal ob Führungskraft oder nicht) die Sektion sehen. Daher müssen Sie für die Führungskräfte von Standort X eine eigene Berechtigungsgruppe erstellen.

5.2.9 Aktionssuche verwalten

Manchmal passen die hinterlegten Begriffe für die Aktionssuche nicht mit den in Ihrem Unternehmen verwendeten überein (gerade die Übersetzung in andere Sprachen ist nicht immer sehr sinnvoll gelungen). Über die Ergänzung von kundeneigenen Begriffen zu den Aktionen lässt sich dies sehr leicht beheben.

Rufen Sie dazu die Aktion AKTIONSSUCHE VERWALTEN (Manage Action Search) auf.

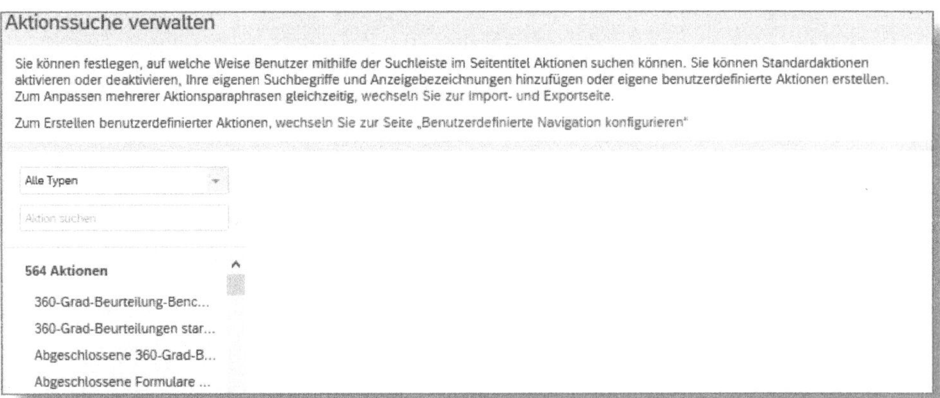

Abbildung 5.37: Einstieg in AKTIONSSUCHE VERWALTEN

Auf der Einstiegsseite können Sie die Aktionen über das Suchfeld recht schnell finden, sofern Sie den Namen wissen (siehe Abbildung 5.37). Oberhalb des Suchfelds finden Sie eine Auswahlhilfe (ALLE TYPEN in Abbildung 5.38), mit der Sie den Bereich für die anzupassenden Aktionen einschränken können (z. B. nur Aktionen in Bezug auf die Mitarbeiterstammdaten).

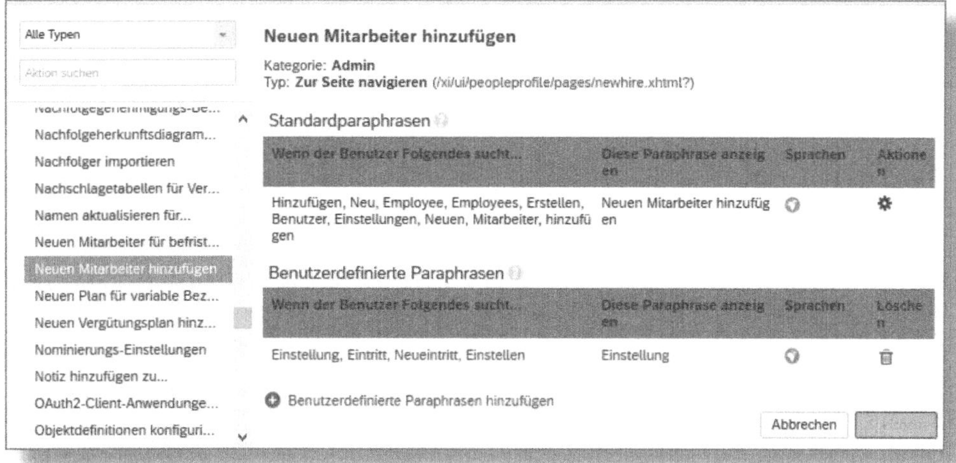

Abbildung 5.38: Kundeneigene Ergänzungen

Die von SuccessFactors vorgegebenen Begriffe lassen sich nicht bearbeiten, aber es besteht die Möglichkeit, zusätzliche kundeneigene Begriffe zu hinterlegen. Über das Symbol können Sie sämtliche freigeschaltete Sprachen mit weiteren Begriffen ergänzen. Im Bereich STANDARDPARAPHRASEN (Standard Paraphrases) führt der Klick auf zu den vom System vorgegebenen Übersetzungen.

Viele Alternativbegriffe

Achten Sie darauf, nicht zu viele Alternativbegriffe zu hinterlegen, die sich dann möglicherweise auch noch mit einer Reihe anderer Aktionen überschneiden, da sonst die Auswahl für die Anwender zu unübersichtlich wird. Versuchen Sie eher, eingängige und eindeutige Begriffe in Ihrem Unternehmen zu etablieren.

5.2.10 Versionscenter

Seit diesem Jahr (2020) werden zweimal jährlich neue Releases durch die SAP eingespielt. Dabei wird das Previewsystem ca. fünf Wochen vor dem Entwicklungs- und Produktivsystem mit den Änderungen versorgt.

Obligatorische Funktionalitäten werden zentral durch die SAP im System aktiviert. Es gibt aber auch jedes Mal eine Reihe von freiwilligen Funktionen, die der Kunde selbst aktivieren kann, wenn er will. Oft werden diese freiwilligen Funktionen dann nach einiger Zeit obligatorisch.

Um sich einen Überblick zu verschaffen, was alles ins System eingespielt wird bzw. wurde, müssen Sie Zugriff auf das »Admin Center« haben. Es empfiehlt sich außerdem, einen Benutzer für die Supportseiten der SAP (einen sogenannter S-User) eingerichtet zu haben.

Abbildung 5.39: Kachel »Versionscenter«

Im *Admin Center* gibt es die Kachel VERSIONSCENTER (Release Center) – siehe Abbildung 5.39. Indem Sie diese anklicken, bekommen Sie alle Artikel zur aktuellen Version in dem jeweiligen System angezeigt.

Wenn Sie einen Artikel über das Kästchen ☐ markieren, wird er nach ÜBERPRÜFT (Reviewed) verschoben. Dort können Sie die Artikel jederzeit wieder aufrufen und erneut durchlesen (siehe Abbildung 5.40).

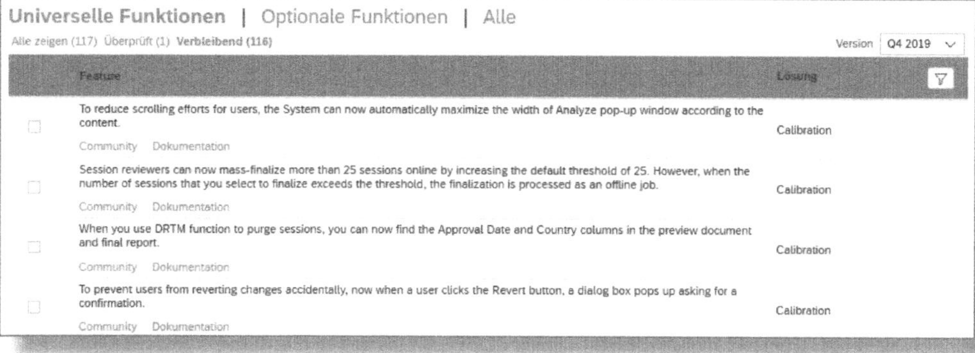

Abbildung 5.40: Ausschnitt aus den Release-Center-Artikeln

Andere Versionshinweise (Release Notes) lesen

Rechts neben den Überschriften finden Sie die Auswahlbox VERSION (Release). Hier können Sie auch ältere Releases aufrufen und die zugehörigen Dokumente noch einmal nachlesen.

Versions-Tests ohne Implementierungspartner

Wenn Sie die Release-Tests ohne Implementierungspartner durchführen, sollten Sie sich diese Artikel sehr genau durchlesen, damit Sie wissen, welche obligatorischen Änderungen vorgenommen wurden, um dann die Tests entsprechend darauf abstimmen zu können.

5.2.11 Assistent für die Instanzensynchronisierung

Der Assistent für die Instanzensynchronisierung (Instance Synchronisation Wizard) ist zum einen ein Tool für das Transportieren der Einstellungen von einem System in ein anderes (also z. B. vom Entwicklungssystem ins Test- oder Produktivsystem) und zum anderen bietet es auch die Möglichkeit, das Produktivsystem komplett auf das Testsystem zu »kopieren«.

Nutzung als Transporttool

Rufen Sie die Aktion Instanzensynchronisierung-Assistent in dem System auf, von dem aus Sie die Einstellungen verteilen möchten.

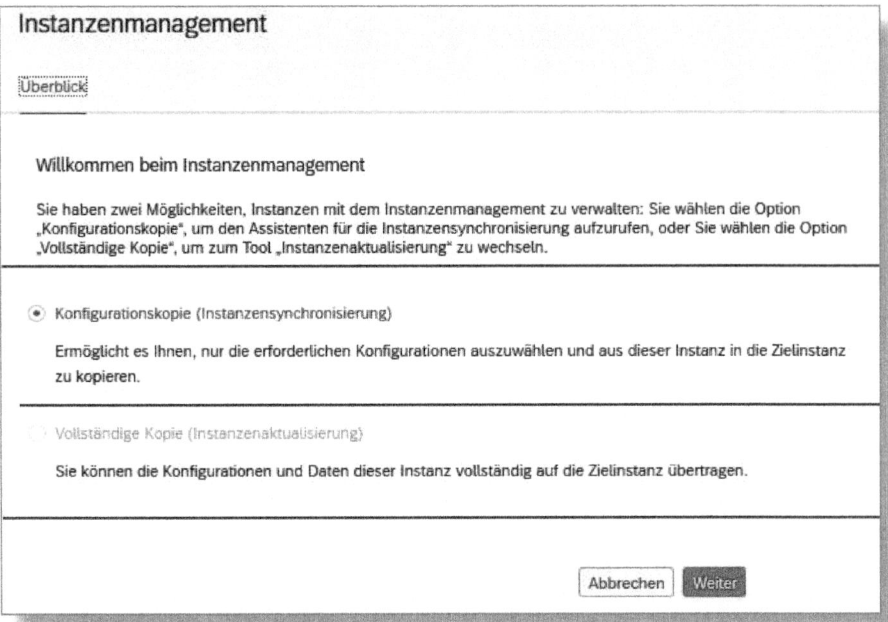

Abbildung 5.41: Einstiegsseite

Markieren Sie die Option Konfigurationskopie (Configuration Copy) und klicken Sie auf Weiter (siehe Abbildung 5.41).

Nun müssen Sie das Zielsystem auswählen, in dem Sie die Auswahl bei ZIELINSTANZ-RECHENZENTRUM, ZIELINSTANZ-UMGEBUNG und ZIEL-INSTANZKENNUNG hinterlegen (siehe Abbildung 5.42).

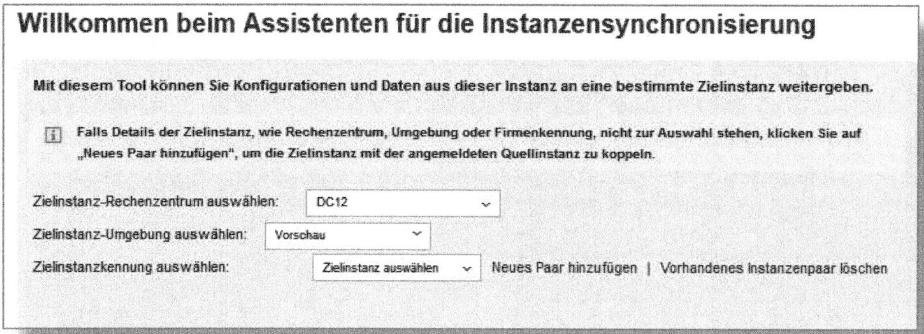

Willkommen beim Assistenten für die Instanzensynchronisierung

Mit diesem Tool können Sie Konfigurationen und Daten aus dieser Instanz an eine bestimmte Zielinstanz weitergeben.

Falls Details der Zielinstanz, wie Rechenzentrum, Umgebung oder Firmenkennung, nicht zur Auswahl stehen, klicken Sie auf „Neues Paar hinzufügen", um die Zielinstanz mit der angemeldeten Quellinstanz zu koppeln.

Zielinstanz-Rechenzentrum auswählen: DC12

Zielinstanz-Umgebung auswählen: Vorschau

Zielinstanzkennung auswählen: Zielinstanz auswählen | Neues Paar hinzufügen | Vorhandenes Instanzenpaar löschen

Abbildung 5.42: Auswahl des Zielsystems

Sie werden nun Schritt für Schritt durch das Verfahren geführt.

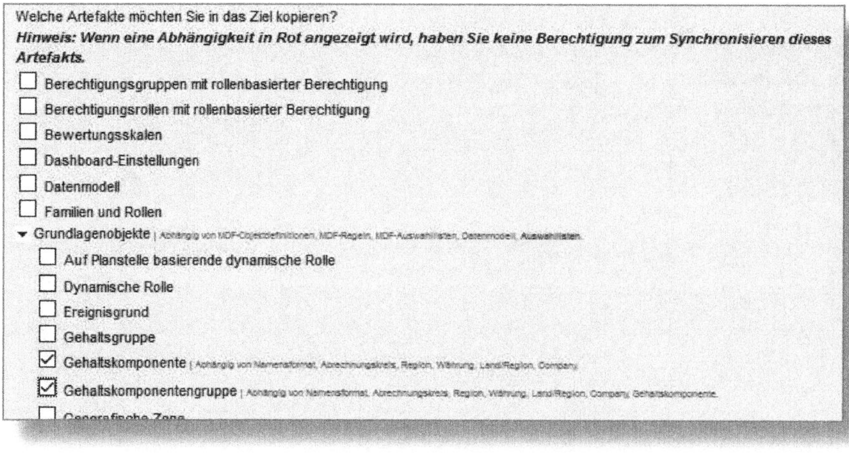

Welche Artefakte möchten Sie in das Ziel kopieren?

Hinweis: Wenn eine Abhängigkeit in Rot angezeigt wird, haben Sie keine Berechtigung zum Synchronisieren dieses Artefakts.

- [ ] Berechtigungsgruppen mit rollenbasierter Berechtigung
- [ ] Berechtigungsrollen mit rollenbasierter Berechtigung
- [ ] Bewertungsskalen
- [ ] Dashboard-Einstellungen
- [ ] Datenmodell
- [ ] Familien und Rollen
- ▾ Grundlagenobjekte | Abhängig von MDF-Objektdefinitionen, MDF-Regeln, MDF-Auswahllisten, Datenmodell, Auswahllisten.
  - [ ] Auf Planstelle basierende dynamische Rolle
  - [ ] Dynamische Rolle
  - [ ] Ereignisgrund
  - [ ] Gehaltsgruppe
  - [x] Gehaltskomponente | Abhängig von Namensformat, Abrechnungskreis, Region, Währung, Land/Region, Company
  - [x] Gehaltskomponentengruppe | Abhängig von Namensformat, Abrechnungskreis, Region, Währung, Land/Region, Company, Gehaltskomponente.
  - [ ] Geografische Zone

Abbildung 5.43: Auswahl der Objekte

Wählen Sie die Objekte aus, die transportiert/übertragen werden sollen (siehe Abbildung 5.43).

System prüft Abhängigkeiten

Das System prüft vor dem nächsten Schritt, ob die Objekte weitere Abhängigkeiten haben. Im erscheinenden Pop-up können Sie Abhängigkeiten hinzuwählen oder mit der bestehenden Selektion fortfahren. Alternativ können Sie zur Auswahl der Objekte zurückkehren und dort weitere hinzufügen. In jedem Fall sollten Sie sicherstellen, dass alle Abhängigkeiten berücksichtigt sind, da sonst der Transport fehlschlagen wird.

Nach der Auswahl der Objekte müssen Sie dem Transport-/Synchronisierungsauftrag einen Namen erteilen, den Benutzer in der Zielinstanz angeben, der ausreichende Berechtigung hat, die Objekte zu bearbeiten, und die Inhalte der Objekte auswählen (siehe Abbildung 5.44 und Abbildung 5.45).

Abbildung 5.44: Name für den Transport/die Synchronisierung und den Benutzer

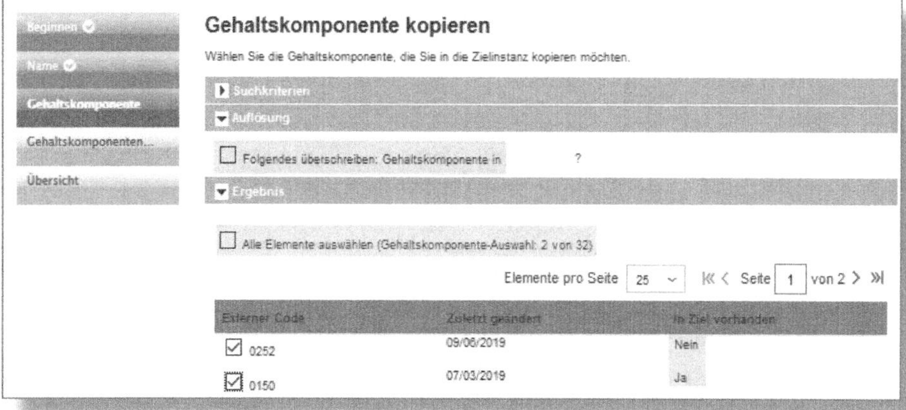

Abbildung 5.45: Auswahl der Inhalte

Inhalte bereits vorhanden

Das System prüft, ob die Inhalte im Zielsystem bereits vorhanden sind. Falls ja, sollten Sie überlegen, ob Sie die Inhalte geändert haben und diese daher im Zielsystem überschrieben werden müssen.

Zum Schluss erhalten Sie noch eine Übersicht über Ihre Auswahl (siehe Abbildung 5.46).

Mit Testsynchronisierung (Test Sync) wird der Transport simuliert und Sie können das Protokoll auswerten.

Erneute Zusammenstellung notwendig

Nach dem Testlauf müssen Sie alle Schritte erneut durchlaufen, um den echten Transport durchführen zu können.

Beginnen
Name
Gehaltskomponente
Gehaltskomponenten...
Übersicht

Übersicht

Fertig! Sie haben die Firmendaten ausgewählt, die übertragen werden an:**hippwerkgeT1**
Dies ist die Zusammenfassung aller ausgewählten Daten. Sie können immer noch zurückgehen und sie ändern.

Synchronisierungsname: Test

☑ Synchronisierungsbündel als Paket speichern

Artefakt	Untertyp	Anzahl der Auswahlen	Lösung von doppelten	Synchronisierungsvoraussetzungen
Grundlagenobjekte	Gehaltskomponente	2	Ignorieren	In der Quell- und in der Zielinstanz sollte dieselbe EC-Version verwendet werden. Rollenbasierte Berechtigung sollte aktiviert sein.
Grundlagenobjekte	Gehaltskomponentengruppe	1	Ignorieren	In der Quell- und in der Zielinstanz sollte dieselbe EC-Version verwendet werden. Rollenbasierte Berechtigung sollte aktiviert sein.

Beenden und später fertigstellen | Zurück | Synchronisierung jetzt ausführen ▸ | Testsynchronisierung ▸

Abbildung 5.46: Übersicht des Transports

Durch Anklicken von SYNCHRONISIERUNG JETZT AUSFÜHREN (Run Sync Now) werden die Einstellungen in das Zielsystem transportiert.

Übersetzungen

Der Synchronisation Wizard hat manchmal den Nachteil, dass nur die englischen Texte transportiert werden. Entweder werden die Spracheingaben Englisch überschrieben oder sie bleiben leer, und es wird der englische Standardwert angezeigt. Dies tritt insbesondere beim Transport von Lohnarten auf.

Manueller Abgleich oft genauso schnell

Wir haben festgestellt, dass ein manueller Abgleich oft genauso schnell und effektiv ist wie die Verwendung des Wizards, insbesondere wenn es nur wenige, kleine Änderungen sind, die transportiert werden müssen.

Kopie von Produktivsystem erstellen

Hin und wieder ist es sinnvoll, das Produktivsystem auf das Previewsystem zu kopieren. Gerade zum Testen von Releases ist es gut, wenn aktuelle Daten zum Testen vorliegen.

Wie auf der Einstiegsseite gesehen, können Sie auch die Option Vollständige Kopie (Full Copy) auswählen. Diese Option ist nur auf dem Produktivsystem auswählbar und muss einmalig durch die SAP freigeschaltet werden. Dies können Sie veranlassen, indem Sie ein entsprechendes Ticket bei der SAP erstellen.

Folgen Sie den Anweisungen des Wizards und erstellen Sie eine Kopie des Produktivsystems zu den jeweils benötigten Zeitpunkten.

Anzahl der kostenfreien Kopien ist limitiert

Schauen Sie in Ihrem Lizenzvertrag nach, wie viele Kopien Sie pro Jahr kostenfrei durchführen können. Im Normalfall sollten die Gratiskopien für die Releaseeinspielungen ausreichen.

Single Sign-On beachten

Stellen Sie sicher, dass Sie sich nach der Kopie weiterhin im Previewsystem anmelden können. Das ist besonders wichtig, wenn Sie eine Single-Sign-On-Lösung für das Produktivsystem im Einsatz haben, weil Sie dort keine Kennwörter mehr ändern können. Stellen Sie daher in der Kennwortrichtlinie sicher, dass Sie Kennwörter automatisiert über die Login-Seite zurücksetzen lassen können und dass die entsprechende E-Mail-Benachrichtigung (E-Mail-Vorlagen) auch aktiviert ist, selbst wenn das für das Produktivsystem eigentlich nicht notwendig wäre.

5.2.12 Import von Mitarbeiterdaten

In SuccessFactors besteht die Möglichkeit, Mitarbeiterdaten per Upload ins System einzuspielen.

Gerade beim Einführungsprojekt von Employee Central können mit dieser Option die Stammdaten der bestehenden Mitarbeiter ins System eingebracht werden. Auch wenn Sie keinen »BigBang«-Ansatz für alle Standorte gleichzeitig wählen, können Sie für jeden Standort-Golive die Daten wie unten beschrieben hochladen.

Nur Import möglich

Die Mitarbeiterdaten lassen sich nur importieren und nicht exportieren. Lediglich das Employee Profile, der Ministamm in SuccessFactors, lässt sich auch exportieren (Aktion Mitarbeiter exportieren (Employee Export)).

Um die Importdateien vorzubereiten, müssen sie einen bestimmten Aufbau aufweisen. Laden Sie sich die Vorlage der jeweilig benötigten Sektion aus dem System herunter.

Rufen Sie dazu die Aktion Mitarbeiterdaten importieren (Import Employee Data) auf und wählen Sie die Option Vorlage herunterladen (Export Template) im Auswahlmenü aus. Anschließend wählen

Sie noch die Entität/die Sektion sowie die Felder, die Sie befüllen möchten (siehe Abbildung 5.47).

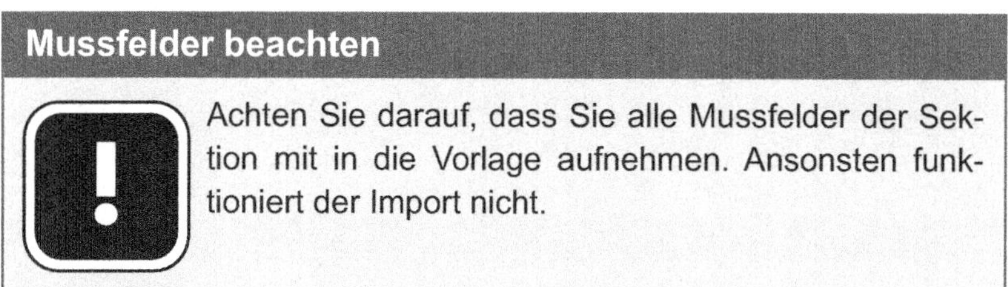

Mussfelder beachten

Achten Sie darauf, dass Sie alle Mussfelder der Sektion mit in die Vorlage aufnehmen. Ansonsten funktioniert der Import nicht.

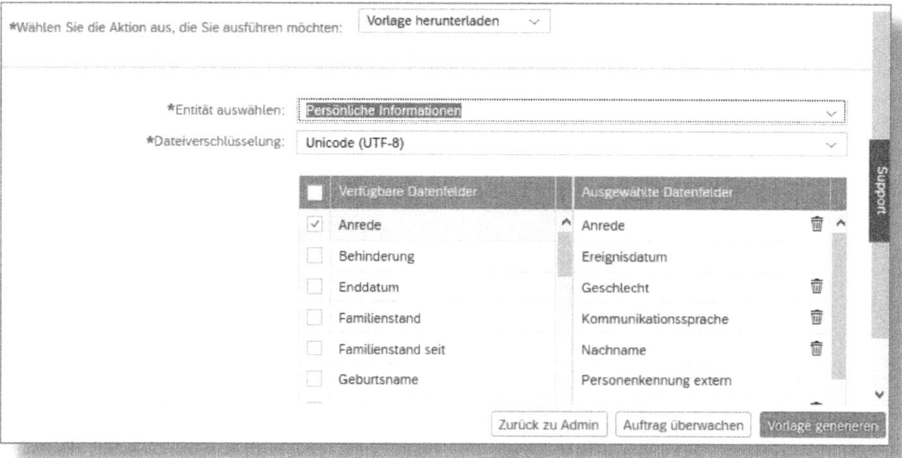

Abbildung 5.47: Feldauswahl für die Vorlage

Mit Klick auf VORLAGE GENERIEREN (Generate Template) wird Ihnen die Vorlage direkt zum Download bzw. Speichern (je nach eingesetztem Browser) angeboten.

Befüllen Sie nun die Dateien mit den Mitarbeiterdaten. In Abhängigkeit vom System, aus dem Sie die Mitarbeiterdaten migrieren, können Sie Dateien direkt erstellen lassen, oder Sie müssen die Daten aus mehreren Dateien zusammenstellen.

Format für den Upload ist sehr reglementiert

Damit die Datei von SuccessFactors beim Upload verarbeitet werden kann, muss sie wie folgt gespeichert sein: UTF-8-kodierte CSV-Datei mit Kommata als Trennzeichen. Lassen Sie sich ggf. von einem IT-Spezialisten helfen. Excel kann zwar CSV-Dateien erzeugen, allerdings sind diese mit Semikolon getrennt.

Für den Import rufen Sie dann ebenfalls die vorgenannte Aktion MITARBEITERDATEN IMPORTIEREN auf (siehe Abbildung 5.48).

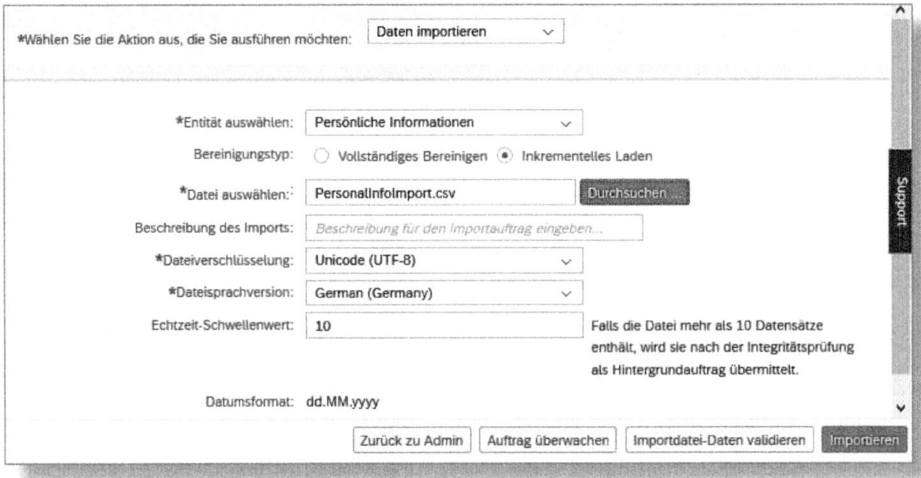

Abbildung 5.48: Import der Datei-Auswahl

Wählen Sie wieder die Entität/Sektion, für die Sie den Upload vornehmen wollen, und suchen Sie die Datei über DURCHSUCHEN (Browse) aus dem Dateisystem aus.

Bereinigungstyp

Nutzen Sie im Normalfall immer die Option INKREMENTELLES LADEN (Incremental Load). Hier ist die Laufzeit besser und es werden die Daten aus der Datei ergänzt. VOLLSTÄNDIGES BEREINIGEN (Full

Purge) sollten Sie nur wählen, wenn Sie fehlerhafte Daten hochgeladen haben und diese nun korrigieren müssen. Dabei werden dann die vorhandenen Daten der Mitarbeiter in der Datei komplett gelöscht und anschließend neu angelegt.

Über IMPORTDATEI-DATEN VALIDIEREN (Validate Import File Data) können Sie die Daten in der Datei zunächst prüfen. Dabei wird sichergestellt, dass die Daten das richtige Format aufweisen, dass die Spaltenanzahl korrekt ist und dass einige abhängige Daten vorhanden sind.

Je nach Größe der Datei können die Prüfung und auch der Upload einige Zeit in Anspruch nehmen. Ab einer bestimmten Zeilenanzahl (meist ab zehn Zeilen) wird das Ergebnis als Download zur Verfügung gestellt. Um diese Ergebnisdatei zu erhalten, müssen Sie zu der Aktion AUFTRAG ÜBERWACHEN (Monitor Job) wechseln.

War die Prüfung der Datei erfolgreich und fehlerfrei, können Sie die Datei mittels IMPORTIEREN ins System einspielen.

Kontrolle des Imports wichtig

Manche Fehler ergeben sich erst beim Import. (Wurde beispielsweise die Personalnummer des Vorgesetzten eines Mitarbeiters tatsächlich schon importiert?) Daher ist es wichtig, auch das Ergebnisprotokoll des eigentlichen Imports zu kontrollieren (Aktion AUFTRAG ÜBERWACHEN (Monitor Job)).

Import-Reihenfolge nicht beliebig

Die Dateien sind zum Teil voneinander abhängig und können nur in einer bestimmten Reihenfolge importiert werden (siehe nachfolgende Übersicht).

1. Die Datei »Grundlegender Import (Basic Import)«
... ist Voraussetzung für alle anderen Dateien.

2. Die Datei »Stellenverlauf (Job History)«
... ist Voraussetzung für alle Dateien, die mit den organisatorischen Daten des Mitarbeiters zu tun haben:

- Vergütungsinformation (Compensation Information)
- Wiederkehrende Gehaltskomponente (Pay Component Recurring)
- Einmalige Gehaltskomponente (Pay Component Non-Recurring)
- Stellenbeziehungen (Job Relationships)

5.2.13 Import/Export von MDF-Daten

Mit Ausnahme der Mitarbeiterdaten lassen sich alle Daten sowohl importieren als auch exportieren. Dies ist besonders für die Organisationsdaten wie Abteilungen, Planstellen und Kostenstellen von Bedeutung, aber auch Daten wie Lohnarten, Tarifdaten und dergleichen müssen nicht alle von Hand angelegt werden.

Allerdings ist der Export immer nur vollumfänglich möglich, d.h., Sie können beim Export nicht nach bestimmten Kriterien für die Tarifdaten selektieren.

Rufen Sie die Aktion Daten importieren und exportieren (Import and Export Data) auf und stellen Sie unter Auszuführende Aktion auswählen ein, was Sie tun wollen (siehe Abbildung 5.49).

Sie können:

- Eine Vorlage herunterladen
- Daten exportieren
- Daten importieren

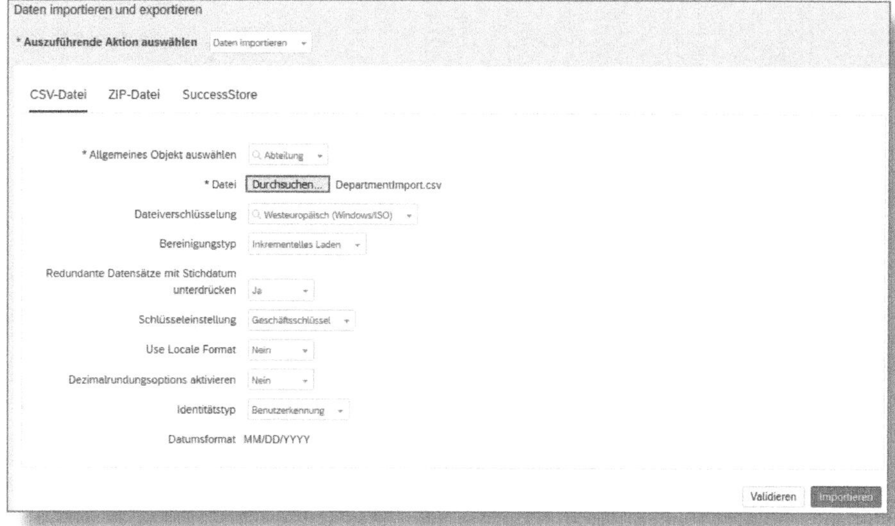

Abbildung 5.49: Auswahlbildschirm für den Import

Bereinigungstyp

Wählen Sie auch hier den Bereinigungstyp (Purge Type) mit Bedacht. Es gilt das Gleiche wie schon zuvor bei den Mitarbeiterdaten geschrieben.

Auch hier können Sie die Datei zunächst prüfen, bevor Sie sie importieren. Die Ergebnisse finden Sie unabhängig von der Zeilenzahl immer in der Aktion Auftrag überwachen.

Abhängigkeiten – Ja/Nein

Wählen Sie die Option Abhängige Objekte einbeziehen, werden alle Objekte, die mit dem jeweils gewählten Objekt verknüpft sind, in separaten Dateien geliefert. Falls Sie die Option auf Nein setzen, bekommen Sie eine einzige Datei mit allen gespeicherten Daten zu dem selektierten Objekt (siehe Abbildung 5.50).

Abbildung 5.50: Auswahlbildschirm für den Export

5.3 Zusammenfassung

Nun wissen Sie, wie Sie Ihr System an Ihre Bedürfnisse (sowohl grafisch als auch inhaltlich) anpassen können und wie Sie die Arbeit mit dem System durch Geschäftsregeln effizienter gestalten können. Damit ist die Beschreibung des zentralen Elements »Employee Central« abgeschlossen, und in den nächsten beiden Kapiteln wird nun auf zwei weitere Module von SuccessFactors eingegangen. Das direkt folgende Kapitel widmet sich der Mitarbeiterfindung, dem Recruiting.

6 SuccessFactors Recruiting

In diesem Kapitel werden wir zeigen, wie das Modul Recruiting an Ihre Bedürfnisse angepasst werden kann. Es wird hier nicht erklärt, wie das Modul im täglichen Einsatz bedient wird, sondern was während des Einführungsprojekts zu überdenken und einzustellen ist. Die Beschreibungen orientieren sich daher zunächst nur an den Anpassungsmöglichkeiten des Systems; die einzelnen Rollen im Rahmen von Recruiting werden dann am Ende des Kapitels kurz beschrieben.

6.1 Stellenangebote-Site-Builder verwalten

Die Grundlage für jede Stellenausschreibung ist die *Karriereseite* Ihres Unternehmens. SuccessFactors Recruiting stellt Ihnen eine solche Karriereseite zur Verfügung, die Sie dann in Ihre Unternehmensseiten einbinden können, um dort die Stellenanzeigen zu veröffentlichen.

Um die Karriereseite zu erstellen, rufen Sie zunächst die Aktion STELLENANGEBOTE-SITE-BUILDER VERWALTEN (Manage Career Site Builder) auf (siehe Abbildung 6.1).

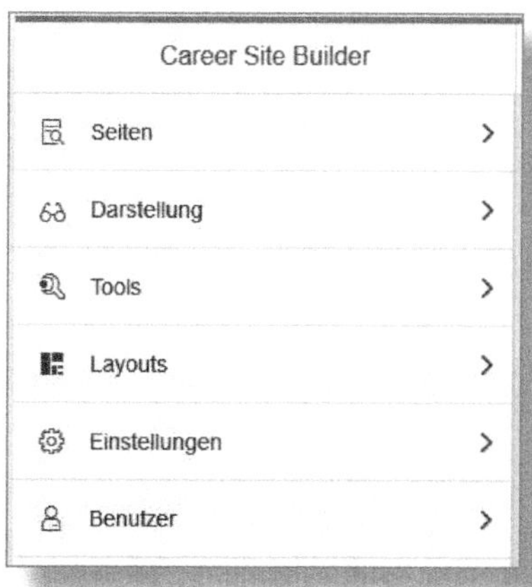

Abbildung 6.1: Die Kategorien zur Erstellung der Karriereseite

Die Einstellungen für die Karriereseite sind sehr vielfältig. Sie können die Internetseite bis ins kleinste Detail an Ihre Corporate Identity und Ihr Corporate Design anpassen.

Seitenerstellung nicht trivial

Sie benötigen zwar keine Kenntnisse für die Programmierung von Internetseiten, aber wenn Sie damit keine Erfahrung haben, sollten Sie sich für diesen Teil des Projekts Unterstützung holen. Ansonsten wenden Sie ggf. sehr viel Arbeit und Mühe auf, ohne auf ein gutes Ergebnis zu kommen.

6.2 Recruiting Posting verwalten

Um Ihre Stellenausschreibung nicht nur auf der unternehmenseigenen Internetseite zu veröffentlichen, bietet Recruiting auch die Möglichkeit, Stellenangebote direkt auf Jobbörsen zu verteilen (siehe Abbildung 6.2). Die Einbindung der Job-Portale erfolgt über die Aktion RECRUITING POSTING VERWALTEN (Manage Recruiting Posting).

Manage Recruiting Posting

Posting Profiles & Groups 1
Manage posting profiles & groups

Users to Posting Profiles Associations
Associate users to posting profiles

Job Board Market Place 3.74K
Job boards and schools from all around the world
Add job boards and school job boards

My Job Boards 11
Manage my job boards

My School Job Boards 0
Manage my school job boards

My Reports 0
Manage my reports

Abbildung 6.2: Einstiegsseite für Recruiting Posting

Interessant und wichtig ist hierbei der Bereich Job Board Market Place. Hier finden Sie alle Jobbörsen, die direkt aus dem Recruiting-Modul versorgt werden können (siehe Abbildung 6.3).

Abbildung 6.3: Ausschnitt Jobbörsen-Einbindung

Sie können die Anzahl der Jobbörsen durch Suchbegriffe einschränken und sie mit einbinden. Es befinden sich sowohl kostenfreie als auch kostenpflichtige Jobbörsen in der Auswahl.

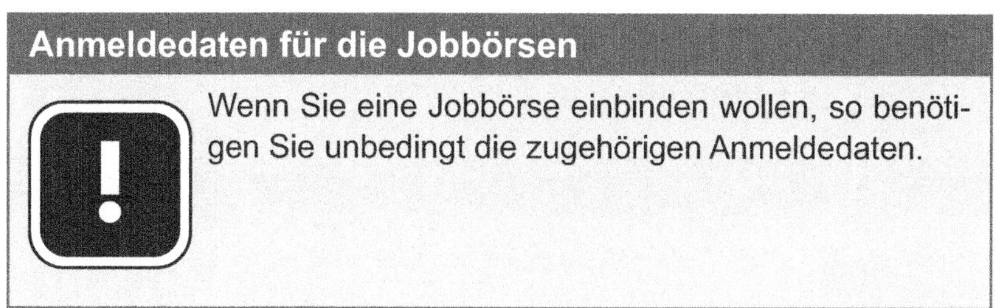

Anmeldedaten für die Jobbörsen

Wenn Sie eine Jobbörse einbinden wollen, so benötigen Sie unbedingt die zugehörigen Anmeldedaten.

6.3 Agenturzugriff einrichten

Gerade in der heutigen Zeit wird vermehrt auf Agenturen zur Mitarbeitergewinnung zurückgegriffen. Diese lassen sich ebenfalls einbinden, indem Sie den Agenturen und deren Mitarbeitern einen eigenen Zugang zu Ihren Stellenausschreibungen bieten. Die Agenturen können dann geeignete Kandidaten direkt in Ihr System eintragen und Sie können nachverfolgen, über welchen Weg der Bewerber zu Ihnen gefunden hat (siehe Abbildung 6.4).

Abbildung 6.4: Einstellungen für Agenturen

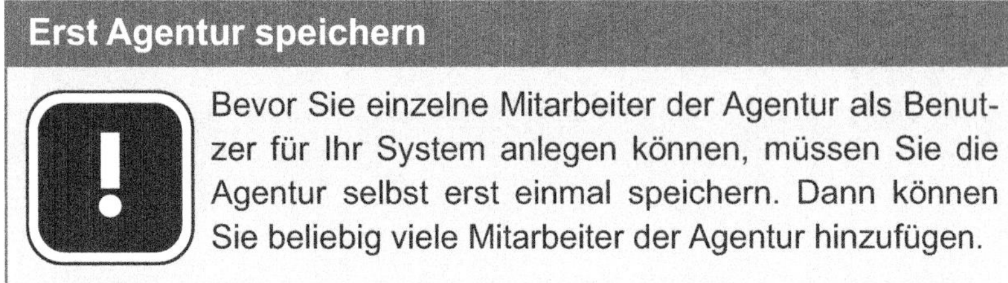

Erst Agentur speichern

Bevor Sie einzelne Mitarbeiter der Agentur als Benutzer für Ihr System anlegen können, müssen Sie die Agentur selbst erst einmal speichern. Dann können Sie beliebig viele Mitarbeiter der Agentur hinzufügen.

6.4 Kopf- und Fußzeile für Stellenausschreibung verwalten

Für jede Stellenausschreibung wird normalerweise in der Kopf- und Fußzeile ein Standardtext eingefügt. Damit dieser Text nicht jedes Mal zu einer Stellenausschreibung hinzugefügt werden muss, können Sie den Kopf- und Fußzeilenbereich fest im System hinterlegen. Dabei kann der Text für verschiedene Standorte unterschiedlich hinterlegt werden und dann anhand von Regeln der jeweiligen Ausschreibung zugeordnet werden oder aber auch manuell bei der Erstellung hinzugewählt werden.

Für die Einrichtung rufen Sie die Aktion Kopf- und Fusszeile für Stellenausschreibung verwalten (Manage Job Posting Header and Footer) auf (siehe Abbildung 6.5).

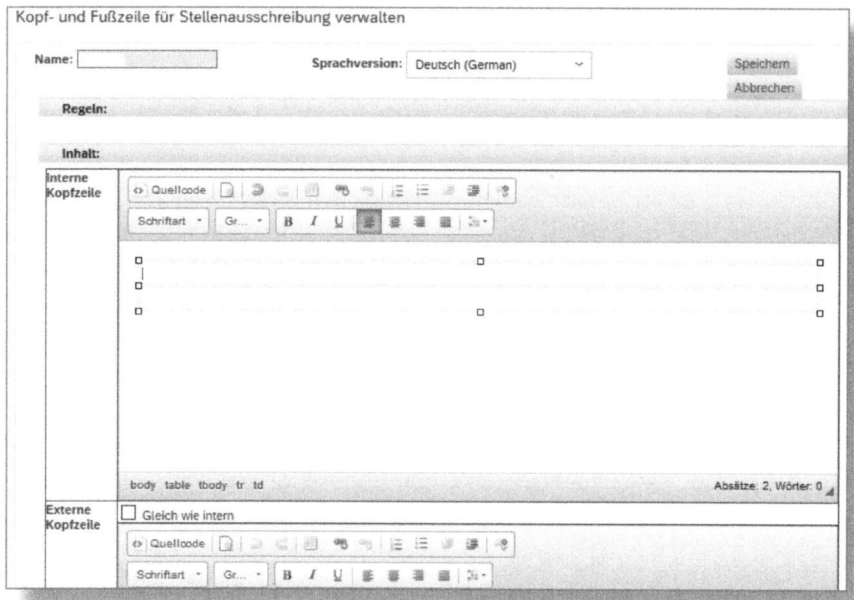

Abbildung 6.5: Ausschnitt Kopf- und Fußzeile hinterlegen

Vergeben Sie für die Textbausteine eindeutige sprechende Namen, um die Zuweisung bei den Stellenausschreibungen zu erleichtern.

Tragen Sie in die Felder den Text und die Bilder ein, die Sie standardmäßig für Ihre Ausschreibungen benutzen. Sie können dabei zwischen den internen und den externen Stellenausschreibungen unterscheiden oder auch für beide die gleichen Texte verwenden (markieren Sie für den zweiten Fall das Kästchen vor Gleich wie intern (Same As Internal)).

6.5 Vorlagen verwalten

Mit der Aktion Vorlagen verwalten (Manage Templates) legen Sie für die vier Bereiche Stellenanforderung (Job Requisition), Stellenbewerbung (Job Application), Kandidatenprofil (Candidate Profile) und Angebotsdetail (Offer Detail) Vorlagen an, die die benötigten Informationen strukturieren und immer gleich abfragen (siehe Abbildung 6.6). Dabei können Sie auch die Felder mit essenziellen Informationen als Pflichtfelder markieren.

Abbildung 6.6: Einstiegsseite »Vorlagen verwalten«

Um die Vorlagen zu bearbeiten, müssen Sie zunächst auf den Reiter Recruiting-Management klicken und dann den Bereich auswählen, den Sie ändern möchten.

6.5.1 Stellenanforderung

Damit Sie Stellenausschreibungen erstellen können, müssen Sie zunächst eine Vorlage definieren, indem Sie eine bestehende abändern oder eine neue anlegen (siehe Abbildung 6.7).

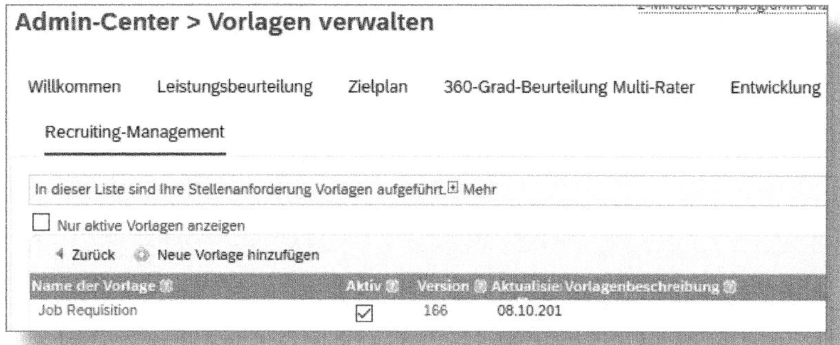

Abbildung 6.7: Stellenanforderungsvorlage – Übersicht

Nachdem Sie die Vorlage in Bearbeitung genommen haben, müssen Sie definieren, welche Felder, Berechtigung etc. Sie benötigen. Gehen Sie dafür die Punkte einzeln durch, hinter denen ZUM BEARBEITEN KLICKEN steht (Abbildung 6.8).

Admin-Center > Vorlagen verwalten > Stellenanforderungsvorlage (Versionsnummer 127)

Veröffentlichen
Als Entwurf speichern
Abbrechen

TEMPLATE SETTINGS
Allgemeine Einstellungen

Name der Vorlage * : Job Requisition
Weitere hinzufügen+
Name der Bewerbungsvorlage: Candidate Detail Template
Mindestanzahl Veröffentlichungstage: 0
Mindestanzahl Tage für interne Bewerbungen: 0
Vorlagenbeschreibung:
Vorlage zuletzt geändert am: 08.10.2015
Unterstützte Sprachen: Mehrfach (2)
Kennung des Standardlistenlayouts: 2
Bewertungsskala: Default Scale
Bewertungsskala umkehren: True False
74 Felder definiert. Zum Bearbeiten klicken.
20 Feldberechtigungen definiert. Zum Bearbeiten klicken.
1 Schaltflächenberechtigungen definiert. Zum Bearbeiten klicken.
1 Kandidaten-E-Mail-Berechtigung definiert. Zum Bearbeiten klicken.
0 Kandidaten-SMS-Berechtigung definiert. Zum Bearbeiten klicken.
1 Listenfelder definiert. Zum Bearbeiten klicken.
0 Felder für mobile Geräte definiert. Zum Bearbeiten klicken.

Abbildung 6.8: Detailsicht auf die gewählte Vorlage

Im Folgenden werden nur die ersten beiden Punkte beschrieben, da die übrigen ähnlich wie diese aufgebaut sowie selbsterklärend sind.

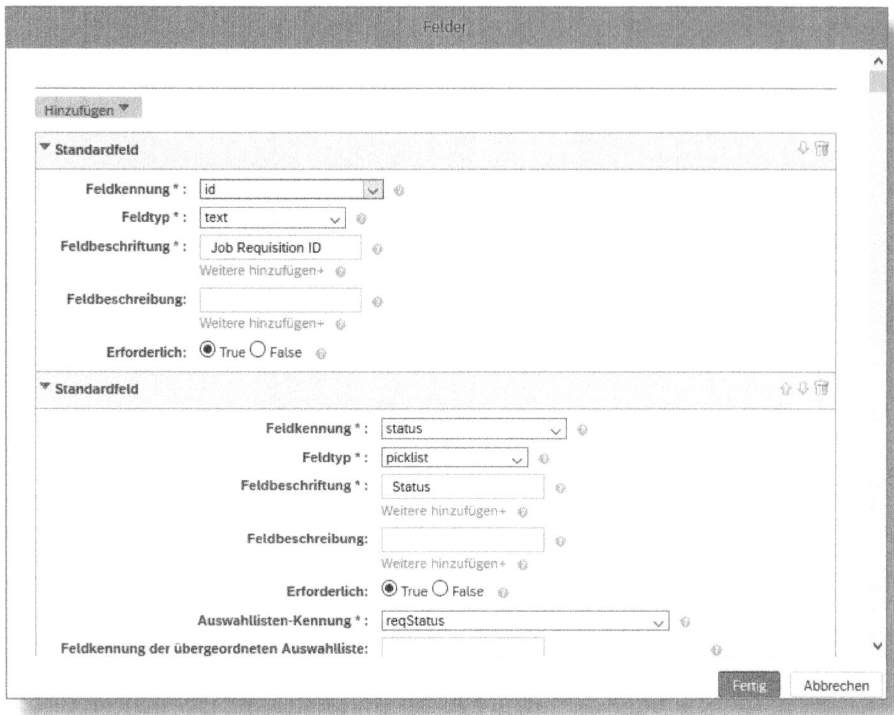

Abbildung 6.9: Vorlagenfelder bearbeiten

Wählen Sie anfangs die Felder aus, die Sie für eine Stellenausschreibungsanforderung benötigen (siehe Abbildung 6.9). Diese können auch über einen (Genehmigungs-)Workflow nach und nach von verschiedenen Personen gefüllt werden. Daher sind auch die Berechtigungen für die Felder notwendig.

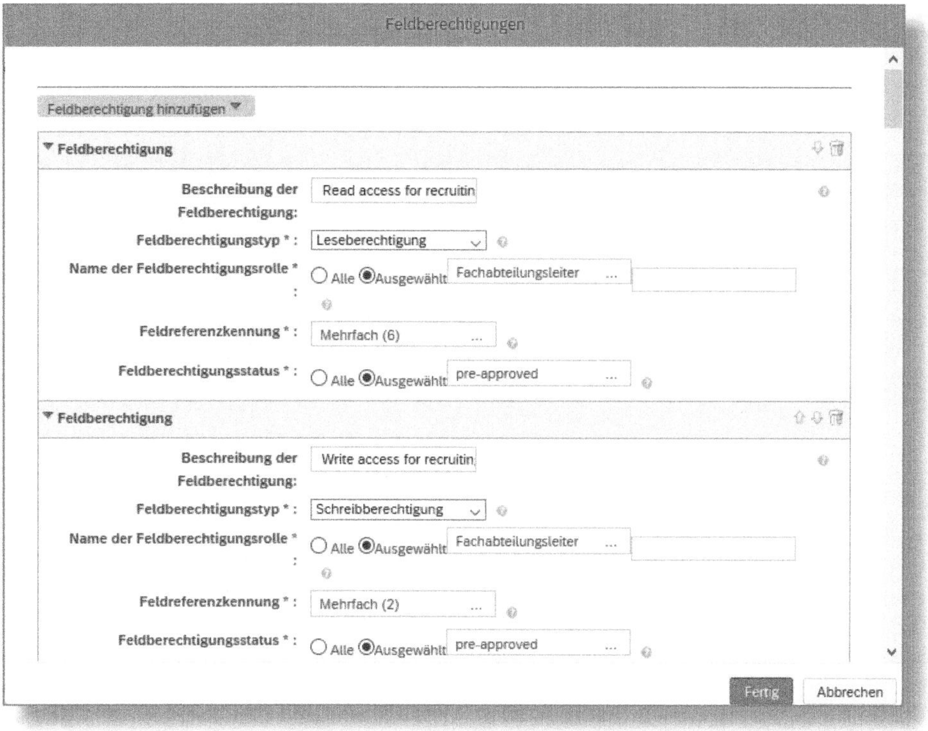

Feldberechtigungen

Feldberechtigung hinzufügen

Feldberechtigung

Beschreibung der Feldberechtigung: Read access for recruitin

Feldberechtigungstyp * : Leseberechtigung

Name der Feldberechtigungsrolle * : Alle Ausgewählt Fachabteilungsleiter ...

Feldreferenzkennung * : Mehrfach (6) ...

Feldberechtigungsstatus * : Alle Ausgewählt pre-approved ...

Feldberechtigung

Beschreibung der Feldberechtigung: Write access for recruitin

Feldberechtigungstyp * : Schreibberechtigung

Name der Feldberechtigungsrolle * : Alle Ausgewählt Fachabteilungsleiter ...

Feldreferenzkennung * : Mehrfach (2) ...

Feldberechtigungsstatus * : Alle Ausgewählt pre-approved ...

Fertig Abbrechen

Abbildung 6.10: Berechtigungen auf Feldebene

Legen Sie fest, welcher Rolle welche Felder wie angezeigt bzw. zur Bearbeitung freigegeben werden (Abbildung 6.10).

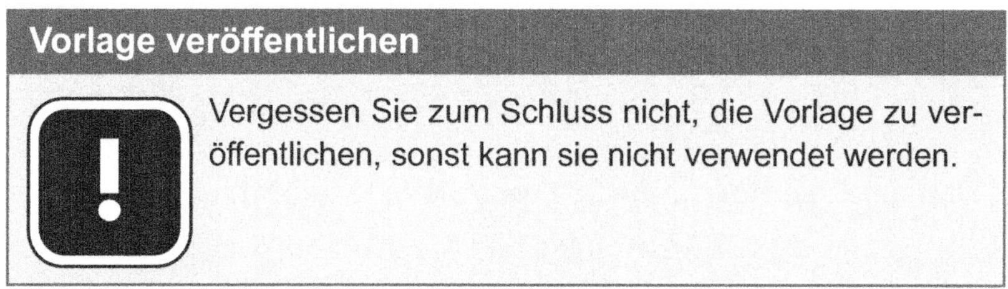

Vorlage veröffentlichen

Vergessen Sie zum Schluss nicht, die Vorlage zu veröffentlichen, sonst kann sie nicht verwendet werden.

6.5.2 Stellenbewerbung

Das Vorgehen für die Stellenbewerbung ist genau das Gleiche wie für die Stellenanforderung (Abbildung 6.11).

Abbildung 6.11: Übersicht über die Vorlage für die Bewerbung

Nach dem Aufruf der Vorlage müssen Sie auch hier wieder die Felder und Berechtigungen entsprechend definieren (Abbildung 6.12).

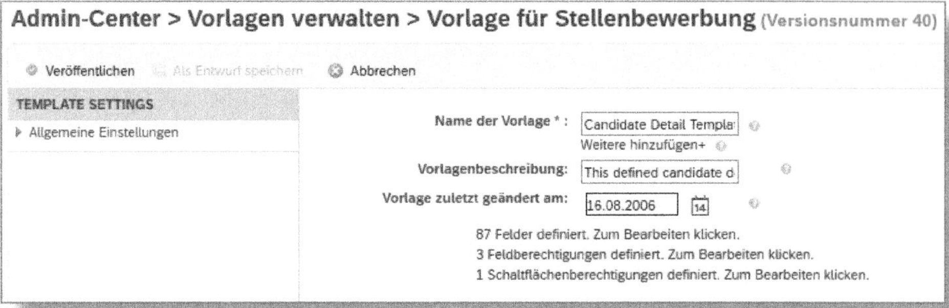

Abbildung 6.12: Detailsicht der Bewerbungsvorlage

6.5.3 Kandidatenprofil

Beim Erstellen des Kandidatenprofils gehen Sie wieder ähnlich vor wie bei den beiden vorgenannten Punkten (Abbildung 6.13).

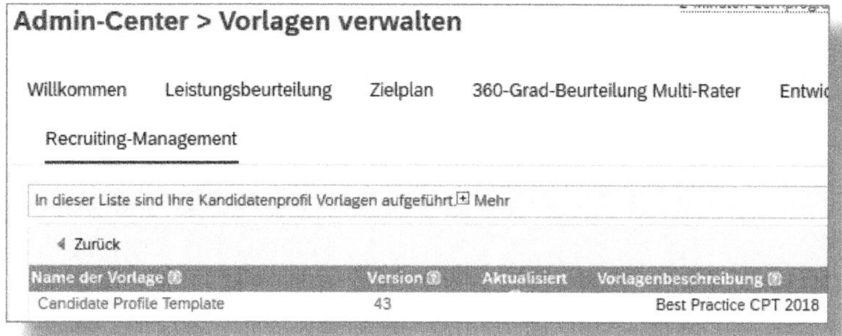

Abbildung 6.13: Übersicht der Kandidatenprofile

Abbildung 6.14: Beschreibungsfelder für das Kandidatenprofil

Für das Kandidatenprofil können Sie Standardtexte für die Bewerber hinterlegen. Sehen Sie sich an, welche Textbausteine Sie benötigen, und füllen Sie diese dann mit Ihren eigenen Worten (Abbildung 6.14).

Felddefinition nicht vergessen

Vergessen Sie nicht, bis ganz nach unten zu scrollen und die Felder zu definieren, die der Bewerber befüllen kann bzw. muss, um das Profil aussagekräftig zu machen (Abbildung 6.15).

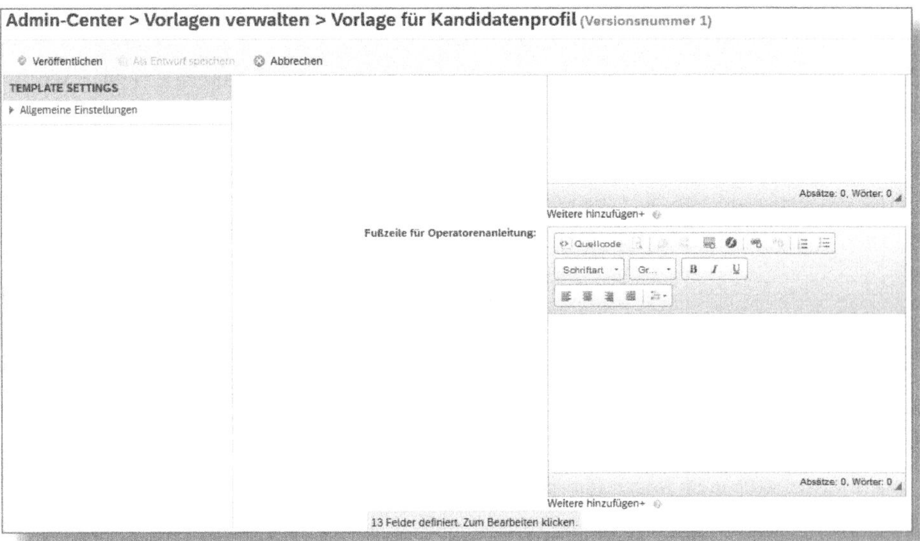

Abbildung 6.15: Felddefinition nicht vergessen

6.5.4 Angebotsdetail

Auch hier ist das bereits beschriebene Vorgehen anzuwenden (Abbildung 6.16).

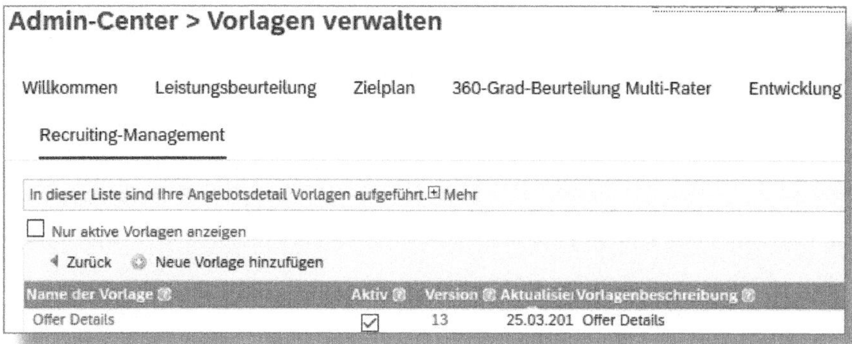

Abbildung 6.16: Übersicht über die Angebotstemplates

In diesem Bereich werden die Felder für die Job-Angebote definiert. Diese sind eventuell nicht in jedem Land notwendig. Definieren Sie daher nur für die Länder eine Vorlage, in denen Sie entsprechende Angebotsschreiben verschicken müssen.

Nehmen Sie auch hierfür die notwendigen Felddefinitionen vor (Abbildung 6.17).

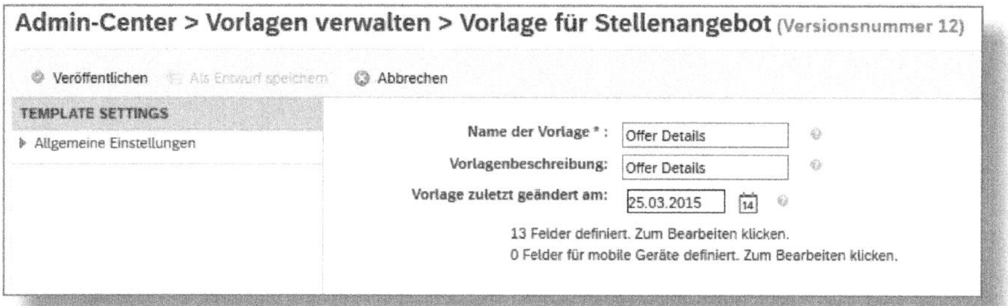

Admin-Center > Vorlagen verwalten > Vorlage für Stellenangebot (Versionsnummer 12)
Veröffentlichen
Als Entwurf speichern
Abbrechen
TEMPLATE SETTINGS
Allgemeine Einstellungen
Name der Vorlage * : Offer Details
Vorlagenbeschreibung: Offer Details
Vorlage zuletzt geändert am: 25.03.2015
13 Felder definiert. Zum Bearbeiten klicken.
0 Felder für mobile Geräte definiert. Zum Bearbeiten klicken.

Abbildung 6.17: Detailsicht auf das Angebotstemplate

6.6 Recruiting-Seiten verwalten

Grundsätzlich haben Sie die Möglichkeit, zwei verschiedene Arten von Bewerberseiten zu gestalten (siehe Abbildung 6.18). Zum einen ist das die interne Bewerberseite, die nicht ganz so viele Informationen enthält, und zum anderen sind das die externen Seiten, die wesentlich mehr Angaben bieten.

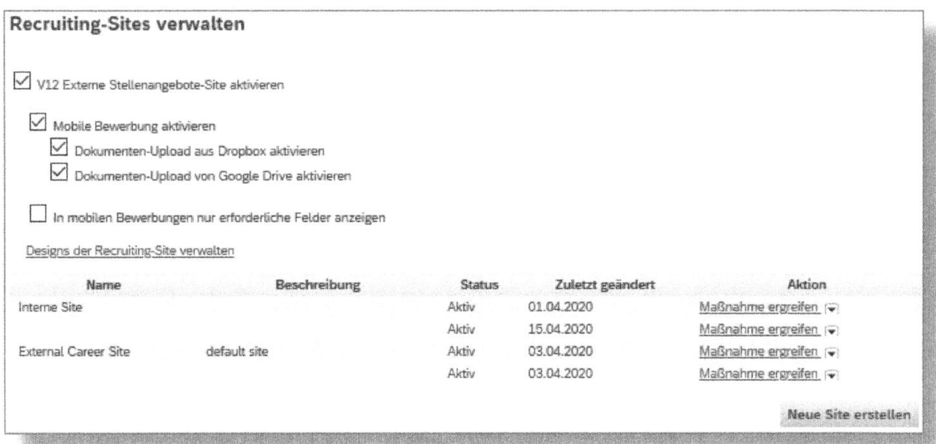

Abbildung 6.18: Einstieg in die Bearbeitung der Bewerberseiten

Die interne Seite ist für das gesamte Unternehmen einheitlich und existiert nur einmalig im System. Gestalten Sie sie daher möglichst so, dass alle Standorte damit zurechtkommen.

Über MASSNAHME ERGREIFEN können Sie die vorhandenen Seiten editieren.

Bei externen Seiten haben Sie die Möglichkeit, eine einzige standortübergreifende Vorlage oder beliebig viele standortspezifische Seiten zu erstellen. Für jede der Seiten wird eine URL generiert, die Sie dann in Ihren Internetauftritt integrieren müssen (Abbildung 6.19).

Abbildung 6.19: Neue externe Seite anlegen

Bedenken Sie bitte, dass jede Seite auch Pflege und immer wieder Anpassungen benötigt. Je differenzierter Sie hier die Seiten gestalten, umso größer ist später der Aufwand, diese aktuell zu halten.

6.7 Einstellungen für die interne und externe Karrieresuche

Damit die Bewerber Ihre Stellenausschreibungen leichter nach passenden Stellen durchsuchen können, sollten Sie definieren, nach welchen Begriffen gesucht werden kann und welche Filter verwendet werden dürfen (siehe Abbildung 6.20). Einige Beispiele für Filter sind:

- Land
- Standort
- Befristet/Unbefristet
- Vollzeit/Teilzeit

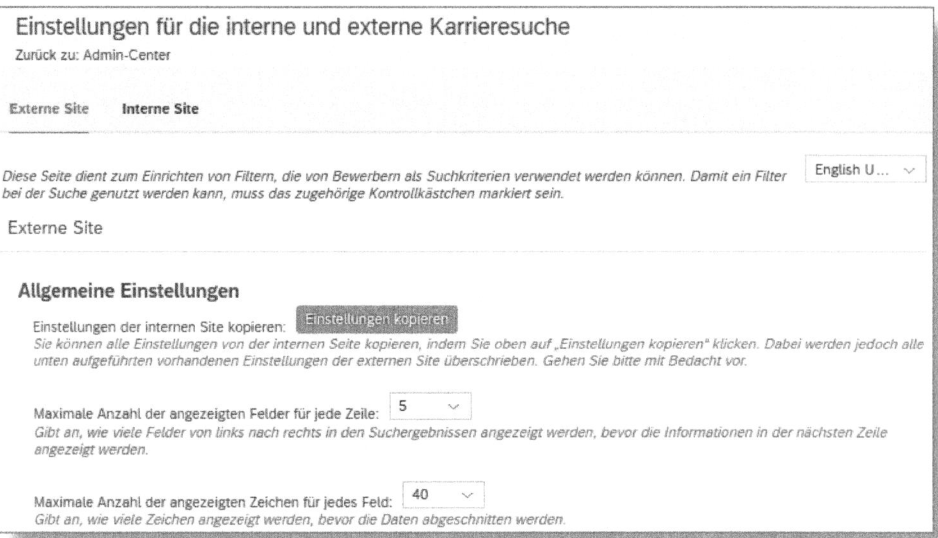

Abbildung 6.20: Definitionen für die Suche nach Stellenausschreibungen

Übernahme der Einstellungen möglich

Wenn Sie für die externe und interne Seite die gleichen Optionen hinterlegen möchten, können Sie die Einstellungen für eine Seite vornehmen und diese dann über EINSTELLUNGEN KOPIEREN (Copy Settings) für die andere Seite übernehmen.

6.8 Bewerber-Statuskonfiguration bearbeiten

In der Aktion Bewerber-Statuskonfiguration bearbeiten (Edit Applicant Status Configuration) legen Sie fest, welche verschiedenen Status der Bewerberprozess haben soll und wer diese jeweils einsehen darf (siehe Abbildung 6.21). Häufig genutzte Status sind:

- Bewerbung eingegangen
- Zur Entscheidung im Fachbereich
- Vorstellungsgespräch
- Vorlage Betriebsrat
- Abgesagt
- Abgesagt, da Stellenausschreibung geschlossen

Es gibt einige Status, die nicht entfernt werden können, da sie vom System vorgegeben sind. Dazu gehören vor allem viele Absage-Status.

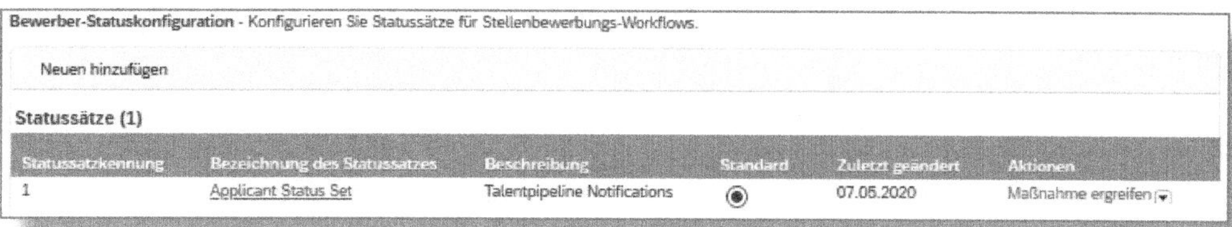

Bewerber-Statuskonfiguration - Konfigurieren Sie Statussätze für Stellenbewerbungs-Workflows.

Neuen hinzufügen

Statussätze (1)

Statussatzkennung	Bezeichnung des Statussatzes	Beschreibung	Standard	Zuletzt geändert	Aktionen
1	Applicant Status Set	Talentpipeline Notifications	◉	07.05.2020	Maßnahme ergreifen

Abbildung 6.21: Einstieg in die Bewerberprozessabfolge

In der Detailansicht (Abbildung 6.22) können Sie die Status in der Reihenfolge verändern und neue hinzufügen und somit alles an Ihre Bedürfnisse anpassen.

Abbildung 6.22: Sicht auf den Ablauf des Bewerbungsprozesses

Außerdem können Sie zu jedem Status festlegen, wer diesen sehen darf und ob ein automatischer Mailversand beim Erreichen des Status ausgeführt werden soll, sofern dies erwünscht und erforderlich ist (Abbildung 6.23).

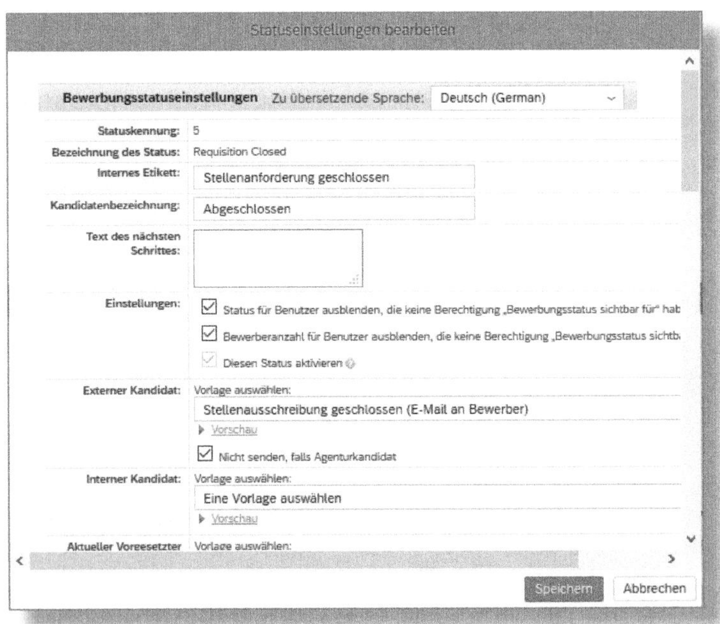

Abbildung 6.23: Detailsicht eines Status

E-Mail-Vorlagen müssen zuvor angelegt sein

Die Detailsicht für die E-Mail-Vorlagen kann nur ausgewählt werden, wenn diese zuvor auch definiert wurden (siehe Abschnitt 6.13).

6.9 Outlook-Integration für die Gesprächsplanung einrichten

Damit Sie ohne Systembruch die Vorstellungsgespräche planen und an die Beteiligten versenden können, kann SuccessFactors Recruiting mit dem Office-Produkt Outlook integriert werden. Rufen Sie zur Einrichtung der Integration die Aktion Outlook-Integration für die Gesprächsplanung einrichten (Set up Interview Scheduling Outlook Integration) auf.

Abbildung 6.24: Outlook-Integration

Füllen Sie in Abbildung 6.24 die relevanten Daten aus. Diese erhalten Sie von den IT-Kollegen, die für die Einrichtung der E-Mail-Konten zuständig sind.

Eigenes Recruiting-Postfach

Lassen Sie sich ein eigenes Recruiting-Postfach einrichten, dann landen die Zu- und Absagen über Outlook in diesem zentralen Postfach.

Zu- und Absage aus Outlook

Sagen die Beteiligten des Vorstellungsgesprächs nur über Outlook zu oder ab, so wird das nicht nach SuccessFactors übernommen. Die Zu- oder Absage muss daher über das Recruiting-Modul erfolgen.

Im unteren Bereich von Abbildung 6.24 können Sie auch die Räume ins System laden, die Sie für Vorstellungsgespräche nutzen wollen (siehe unterer Bereich RÄUME FÜR BEWERBUNGSGESPRÄCHE IMPORTIEREN (Import Interview Rooms)). Die Datei für den Upload muss eine CSV-Datei sein, die durch Kommata getrennt ist. Der Aufbau der Spalten ist dabei wie folgt:

E-MAIL-ADRESSE, RAUM, VERANSTALTUNGSORT, TELEFONNUMMER (kann leer bleiben), KAPAZITÄT, STATUS (aktiv oder inaktiv)

Räume müssen per Mail buchbar sein

Um die Räume über die Interviewvereinbarung zu buchen, müssen diese per Outlook über eine E-Mail-Adresse buchbar sein.

Nur eine Liste für alle Standorte

Es gibt nur eine Raumliste für alle angebundenen Standorte. Nutzen Sie daher eindeutige Namen für die Räume und Standorte, damit die Anwender die Räume schnell und einfach identifizieren können.

Liste immer komplett hochladen

Laden Sie die Raumliste immer komplett hoch. Falls ein Raum nicht mehr in der aktuell hochgeladenen Liste enthalten ist, wird er im System gelöscht und kann nicht mehr gebucht werden.

6.10 Vorlagen für Angebotsschreiben verwalten

Um Angebotsschreiben versenden zu können, müssen Sie entsprechende Vorlagen kreieren. Rufen Sie dazu die Aktion Vorlagen für Angebotsschreiben verwalten (Manage Offer Letter Templates) auf.

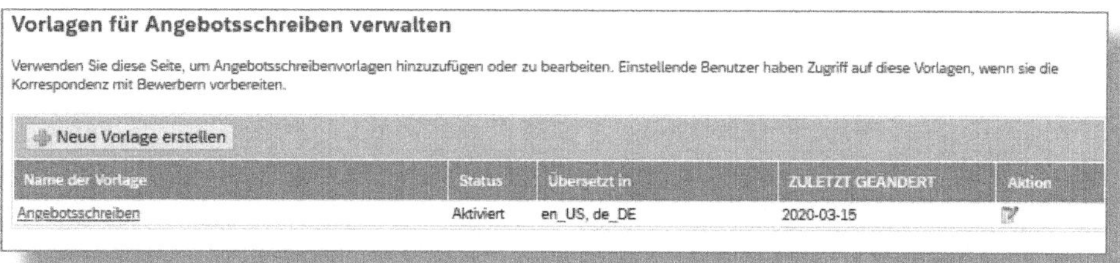

Abbildung 6.25: Übersicht über die Vorlagen für Angebotsschreiben

Sie können eine vorhandene Vorlage ändern, indem Sie sie anklicken, oder eine neue anlegen (Abbildung 6.25).

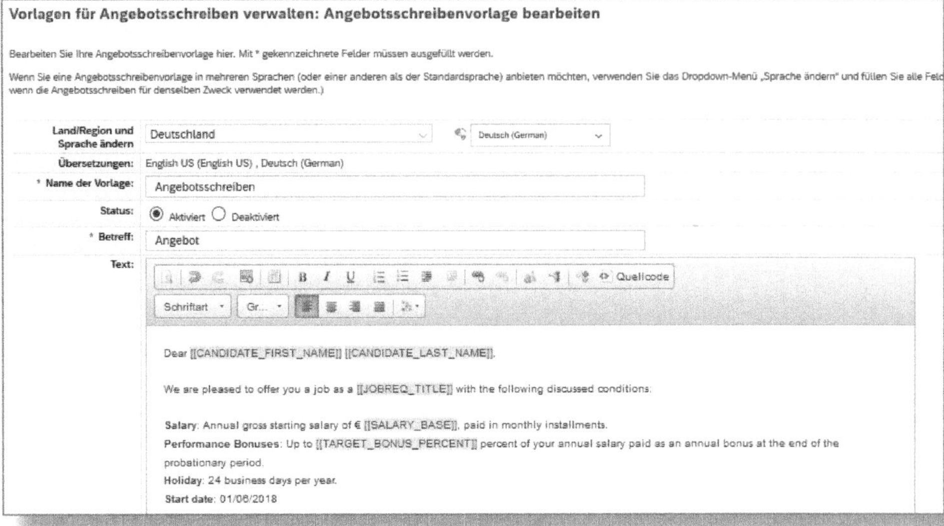

Abbildung 6.26: Detailsicht für die Angebotsvorlage

Formulieren Sie in diesem Fenster (Abbildung 6.26) Ihre Angebotsvorlage aus. Dabei können Sie für die Daten, die sich aus der Stellenausschreibung und dem Bewerbungsprozess ergeben, Variablen einfügen, die dann zum Zeitpunkt der Erstellung durch das System ersetzt werden, sodass die Schreiben individualisiert versendet werden.

6.11 Talent Pools

Damit die Recruiter sich gute Kandidaten, denen momentan kein Jobangebot gemacht werden kann, »warmhalten« können, lassen sich diese in sogenannten *Talent Pools* strukturiert ablegen und verwalten. Dabei können auch immer wieder E-Mail-Kampagnen gestartet werden.

Dafür müssen Sie diese Talent Pools zunächst entsprechend einrichten. Das geht über die Aktion Daten verwalten. Richten Sie hier die

Objekte Verwaltung von Kandidatenbeziehungen – Status (Candidate Relationship Management Status), Verwaltung von Kandidatenbeziehungen – Statussatz (Candidate Relationship Management Status Set) und Verwaltung von Kandidatenbeziehungen – Statuskarte (Candidate Relationship Management Status Map) ein. Wie Sie unter Daten verwalten Daten pflegen können, ist in Abschnitt 5.2.5 erklärt.

6.12 Fragebibliotheken

Um dem Bewerber im Bewerbungsprozess Fragen stellen zu können, die je nach Antwort ggf. direkt in einer Absage münden, müssen Sie einen Fragenkatalog aufbauen. Dies geschieht über die Aktion Fragebibliotheken (Question Libraries).

Der Fragenkatalog existiert pro Instanz ein einziges Mal. Klicken Sie auf den Instanznamen und geben Sie Fragen und Kategorien ein (siehe Abbildung 6.27). Der Fragenkatalog kann an zwei Stellen genutzt werden: zum einen beim Vorstellungsgespräch, um dieses strukturiert zu führen, und zum anderen bei der Bewertung des Bewerbers nach dem Vorstellungsgespräch, um zu gewährleisten, dass alle Kandidaten nach den gleichen Fragestellungen bewertet werden.

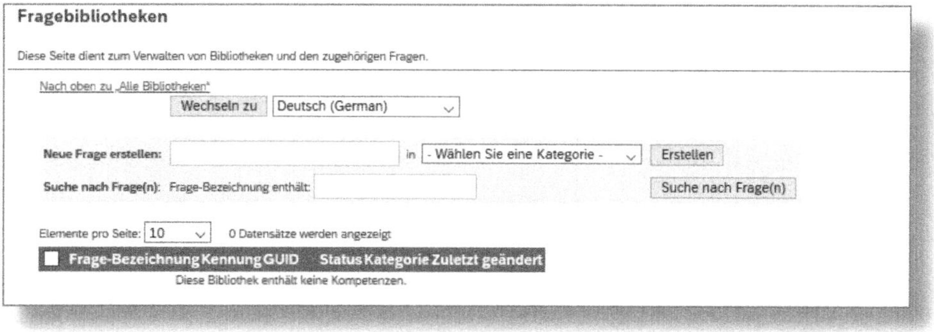

Abbildung 6.27: Fragen manuell hinzufügen

6.13 E-Mail-Vorlagen für Recruiting verwalten

Über die Aktion E-Mail-Vorlagen für Recruiting verwalten (Manage Recruiting Email Templates) erstellen Sie E-Mail-Vorlagen für den Bewerbungsprozess.

Entweder werden diese automatisch verschickt, sobald ein Kandidat einen bestimmten Status im Bewerbungsprozess erreicht (siehe Abschnitt 6.8) oder sie können jederzeit manuell ausgewählt und dann auch individuell angepasst und versandt werden (Abbildung 6.28).

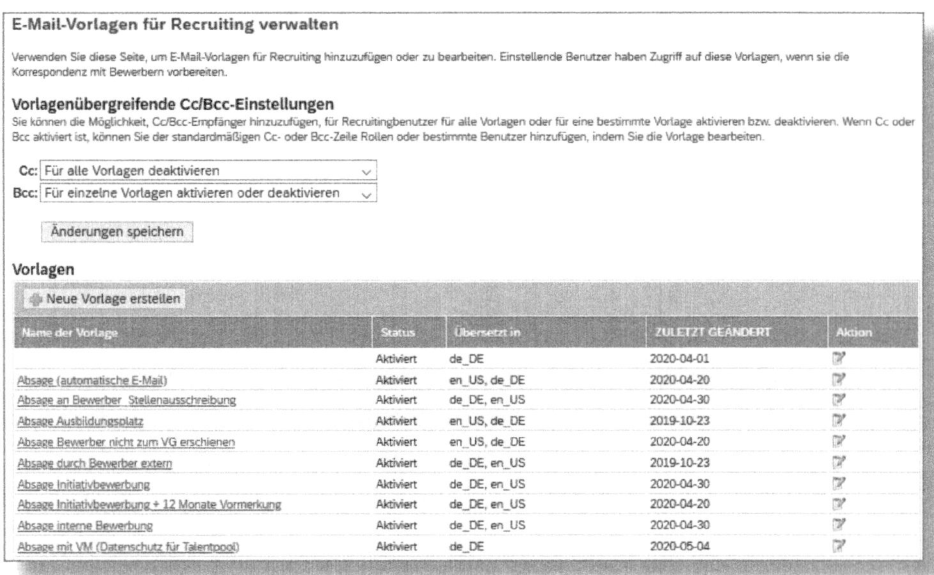

E-Mail-Vorlagen für Recruiting verwalten

Verwenden Sie diese Seite, um E-Mail-Vorlagen für Recruiting hinzuzufügen oder zu bearbeiten. Einstellende Benutzer haben Zugriff auf diese Vorlagen, wenn sie die Korrespondenz mit Bewerbern vorbereiten.

Vorlagenübergreifende Cc/Bcc-Einstellungen

Sie können die Möglichkeit, Cc/Bcc-Empfänger hinzuzufügen, für Recruitingbenutzer für alle Vorlagen oder für eine bestimmte Vorlage aktivieren bzw. deaktivieren. Wenn Cc oder Bcc aktiviert ist, können Sie der standardmäßigen Cc- oder Bcc-Zeile Rollen oder bestimmte Benutzer hinzufügen, indem Sie die Vorlage bearbeiten.

Cc: Für alle Vorlagen deaktivieren

Bcc: Für einzelne Vorlagen aktivieren oder deaktivieren

Änderungen speichern

Vorlagen

Neue Vorlage erstellen

Name der Vorlage	Status	Übersetzt in	ZULETZT GEÄNDERT	Aktion
	Aktiviert	de_DE	2020-04-01	
Absage (automatische E-Mail)	Aktiviert	en_US, de_DE	2020-04-20	
Absage an Bewerber_Stellenausschreibung	Aktiviert	de_DE, en_US	2020-04-30	
Absage Ausbildungsplatz	Aktiviert	en_US, de_DE	2019-10-23	
Absage Bewerber nicht zum VG erschienen	Aktiviert	en_US, de_DE	2020-04-20	
Absage durch Bewerber extern	Aktiviert	de_DE, en_US	2019-10-23	
Absage Initiativbewerbung	Aktiviert	de_DE, en_US	2020-04-30	
Absage Initiativbewerbung + 12 Monate Vormerkung	Aktiviert	de_DE, en_US	2020-04-20	
Absage interne Bewerbung	Aktiviert	de_DE, en_US	2020-04-30	
Absage mit VM (Datenschutz für Talentpool)	Aktiviert	de_DE	2020-05-04	

Abbildung 6.28: Übersicht über alle E-Mail-Vorlagen

Übersetzen Sie die Vorlagennamen

Übersetzen Sie mindestens die Titel in die Sprache, in der Sie das System administrieren. Sonst haben Sie nachher viele Einträge, in denen der Vorlagenname leer ist, und wissen somit nicht, welche Vorlage welche ist. Das erhöht den Aufwand, die richtige Vorlage zur Anpassung zu finden, enorm.

Durch Anklicken des Vorlagennamens gelangen Sie in den Bearbeitungsmodus (Abbildung 6.29).

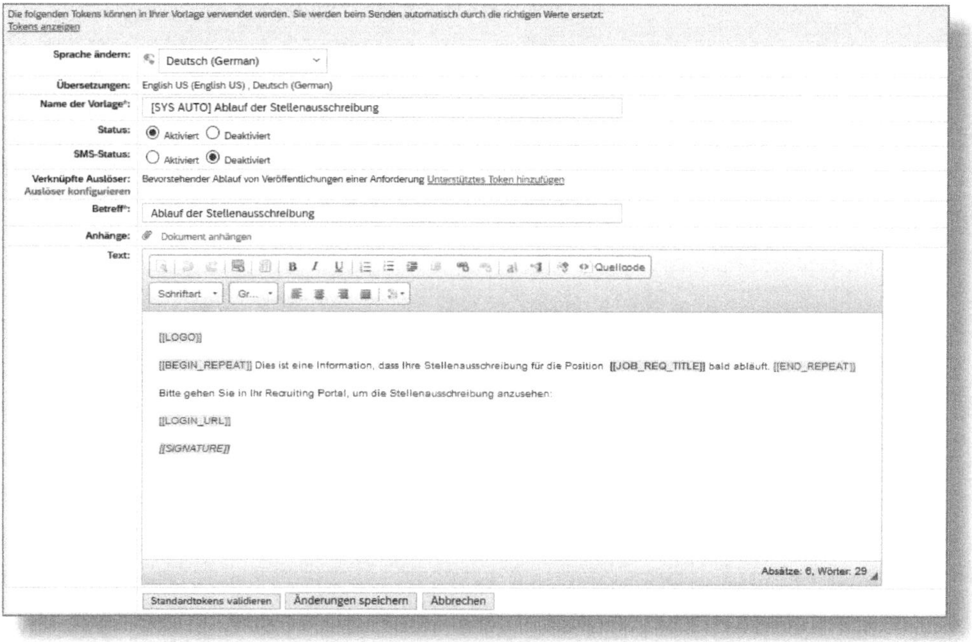

Die folgenden Tokens können in Ihrer Vorlage verwendet werden. Sie werden beim Senden automatisch durch die richtigen Werte ersetzt:
Tokens anzeigen

Sprache ändern: Deutsch (German)
Übersetzungen: English US (English US) , Deutsch (German)
Name der Vorlage*: [SYS AUTO] Ablauf der Stellenausschreibung
Status: Aktiviert Deaktiviert
SMS-Status: Aktiviert Deaktiviert
Verknüpfte Auslöser: Bevorstehender Ablauf von Veröffentlichungen einer Anforderung Unterstütztes Token hinzufügen
Auslöser konfigurieren
Betreff*: Ablauf der Stellenausschreibung
Anhänge: Dokument anhängen
Text: Quellcode Schriftart Gr...

[[LOGO]]

[[BEGIN_REPEAT]] Dies ist eine Information, dass Ihre Stellenausschreibung für die Position [[JOB_REQ_TITLE]] bald abläuft. [[END_REPEAT]]

Bitte gehen Sie in Ihr Recruiting Portal, um die Stellenausschreibung anzusehen:

[[LOGIN_URL]]

[[SIGNATURE]]

Absätze: 6, Wörter: 29

Standardtokens validieren | Änderungen speichern | Abbrechen

Abbildung 6.29: Bearbeitung der E-Mail-Vorlage

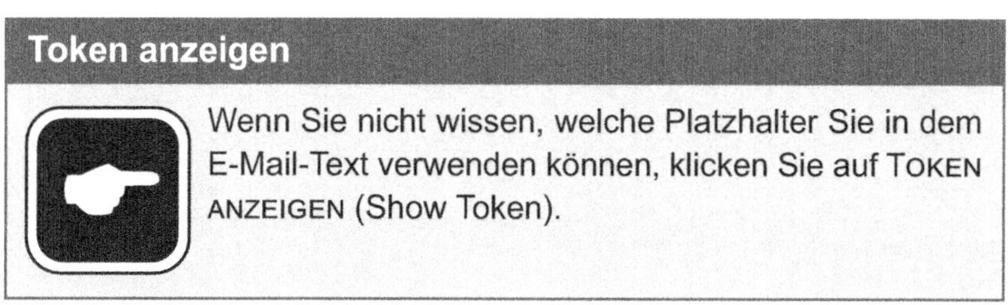

Token anzeigen

Wenn Sie nicht wissen, welche Platzhalter Sie in dem E-Mail-Text verwenden können, klicken Sie auf TOKEN ANZEIGEN (Show Token).

6.14 Auslöser für Recruiting-E-Mail

Das System bietet einige E-Mail-Auslöser, die Sie nach Belieben ein- und auch ausschalten können. Diese stellen Sie in der Aktion AUS-

LÖSER FÜR RECRUITING-E-MAIL (Recruiting Email Triggers) ein (siehe Abbildung 6.30).

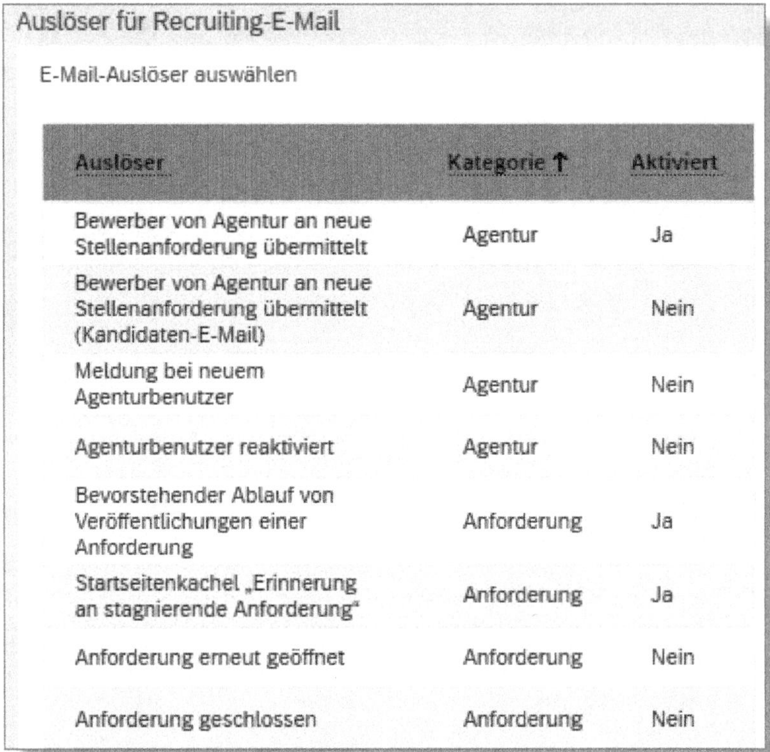

Auslöser für Recruiting-E-Mail

E-Mail-Auslöser auswählen

Auslöser	Kategorie ↑	Aktiviert
Bewerber von Agentur an neue Stellenanforderung übermittelt	Agentur	Ja
Bewerber von Agentur an neue Stellenanforderung übermittelt (Kandidaten-E-Mail)	Agentur	Nein
Meldung bei neuem Agenturbenutzer	Agentur	Nein
Agenturbenutzer reaktiviert	Agentur	Nein
Bevorstehender Ablauf von Veröffentlichungen einer Anforderung	Anforderung	Ja
Startseitenkachel „Erinnerung an stagnierende Anforderung"	Anforderung	Ja
Anforderung erneut geöffnet	Anforderung	Nein
Anforderung geschlossen	Anforderung	Nein

Abbildung 6.30: Übersicht über die Trigger

Mit Anklicken des Auslösernamens können Sie die Details bearbeiten (siehe Abbildung 6.31).

Abbildung 6.31: Trigger bearbeiten

Das Fenster wird direkt rechts neben der Übersicht der Auslöser eingeblendet.

Bearbeitungsfenster nicht zu sehen

Sollten Sie das Fenster nicht sehen, liegt es vermutlich daran, dass Sie einen Auslöser weit unten in der Liste bearbeiten wollen. Scrollen Sie daher bitte wieder komplett nach oben; dort sollten Sie das Bearbeitungsfenster sehen.

6.15 Externe Kennwortrichtlinie verwalten

Wie für die internen Benutzer müssen Sie auch eine Kennwortrichtlinie für die externen Benutzer einrichten.

Rufen Sie hierzu die Aktion Externe Kennwortrichtlinie verwalten (Manage External Password Policy) auf.

Hinterlegen Sie wie in Abbildung 6.32 die Anforderungen an das Kennwort für die Bewerberprofile und Agentur-Benutzer.

Externe Benutzer entsperren

Sollte sich ein externer Benutzer durch zu viele Falschanmeldungen gesperrt haben, so muss er auch über diese Aktion entsperrt werden. Je nach Benutzer (Bewerber oder Agenturmitarbeiter) wählen Sie den jeweiligen Bereich und reaktivieren den Benutzer (E-Mail).

Einstellungen für Kennwort- und Anmelderichtlinie : Auf externe Kandidaten und Agenturen angewendet

Diese Seite dient zum Festlegen der Kennwortrichtlinie.

Mindestlänge 8

Höchstlänge 18

Maximal zulässige Falscheingaben bei der Anmeldung 10

Das System sperrt ein Benutzerkonto nach der hier angegebenen Anzahl von aufeinanderfolgenden fehlgeschlagenen Anmeldeversuchen innerhalb von einer Minute Wenn kein Wert festgelegt wird, wird ein Standardwert von 10 konfiguriert. Der konfigurierte Wert muss größer als 0 sein.

E-Mail über Kennwortzurücksetzung @ .de

Gesperrte Kandidaten und Agenturbenutzer werden aufgefordert, eine E-Mail an diese Adresse zu senden, um die Reaktivierung ihres Kontos anzufordern. Konten können über das Kandidatenprofil von jedem Benutzer mit Anzeigeberechtigung für diesen Kandidaten reaktiviert werden. Alternativ kann auch der Bereich „Konto von externem Kandidaten reaktivieren" unten verwendet werden. Gesperrte Agenturbenutzer können unten im Bereich „Konto von externer Agentur reaktivieren" reaktiviert werden.

Groß- und Kleinschreibung berücksichtigen (empfohlen) ☑

Groß- und Kleinbuchstaben erforderlich ☑

Diese Option wird ignoriert, wenn die Option „Groß- und Kleinschreibung berücksichtigen" nicht aktiviert ist.

Kennwort muss nichtalphabetische Zeichen enthalten ☑

Gültigkeitsdauer für Begrüßungskennwort und Link „Kennwort zurücksetzen" festlegen (in Tagen) 3

Die Gültigkeitsdauer kann bis zu 30 Tage betragen, geben Sie einen Wert zwischen 1 und 30 ein. Wenn Sie diese Einstellung ändern, sind davon alle Links betroffen, die noch nicht abgelaufen sind.

Kennwort- und Anmelderichtlinie festlegen | Zurücksetzen

Konto von externem Kandidaten reaktivieren

Um das Konto eines externen Kandidaten, der gesperrt wurde, zu reaktivieren, geben Sie unten die E-Mail-Adresse des Kandidaten ein:

Benutzerkonto reaktivieren

Konto von externer Agentur reaktivieren

Um das Konto einer gesperrten externen Agentur zu reaktivieren, wählen Sie die Agentur aus und geben Sie unten eine E-Mail-Adresse ein.

Abbildung 6.32: Kennwortrichtlinie für externe Benutzer

6.16 Recruiting-Gruppen verwalten

Damit Sie unterschiedliche Gruppen innerhalb des Recruitings definieren können, rufen Sie die Aktion Recruiting-Gruppen verwalten (Manage Recruiting Groups) auf.

Diese Gruppen werden für die verteilte Bearbeitung der Stellenausschreibung und der Bewerber in den unterschiedlichen Status benötigt (siehe Abbildung 6.33). So kann z. B. zwischen verschiedenen Recruitergruppen unterschieden werden (eine erste Gruppe, die die Bewerbungen sichtet und eine zweite, die den Bewerbungsprozess dann nur noch mit den vorselektierten Kandidaten weiterführt).

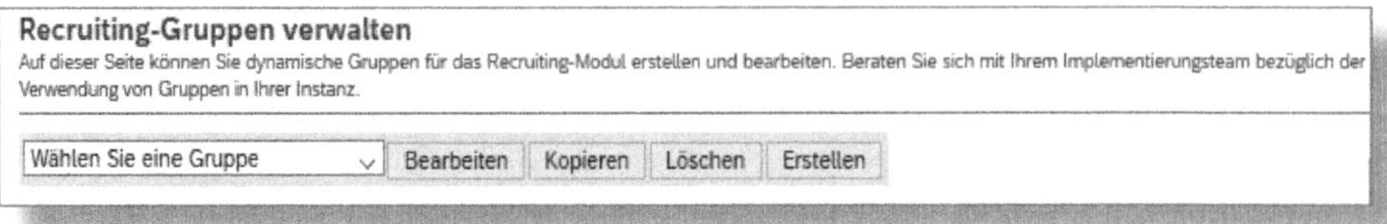

Abbildung 6.33: Einstieg Recruiting-Gruppen verwalten

Suchen Sie eine vorhandene Gruppe aus der Auswahlliste, um diese zu bearbeiten, oder legen Sie eine neue an (siehe Abbildung 6.34).

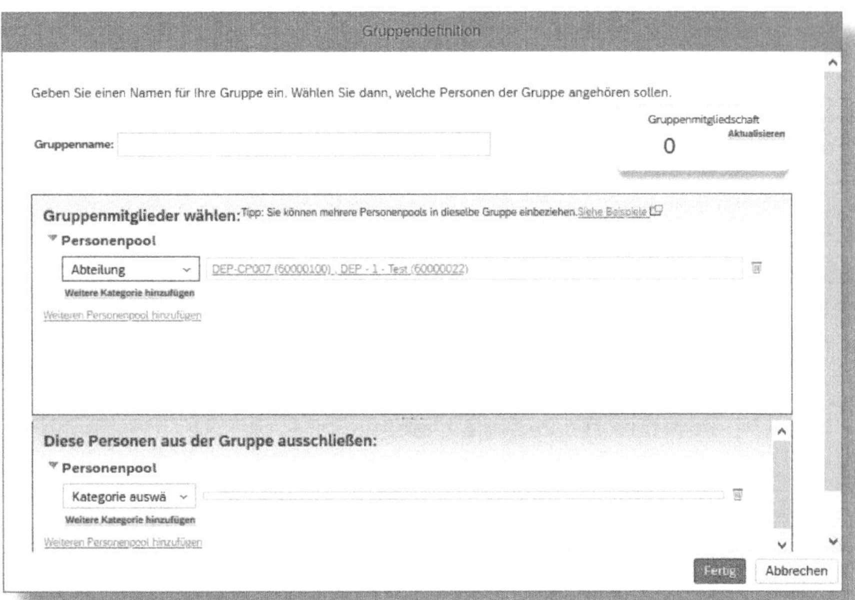

Abbildung 6.34: Details der Recruiting-Gruppe

Die Anlage ist identisch zu der von Berechtigungsgruppen (siehe Abschnitt 4.2).

6.17 Recruiting-Einstellungen verwalten

Grundlegende Einstellungen zum Recruiting, wie z. B. die Verzögerung von automatischen E-Mails, werden in der Aktion RECRUITING-EINSTELLUNGEN VERWALTEN (Manage Recruiting Settings) vorgenommen (Abbildung 6.35).

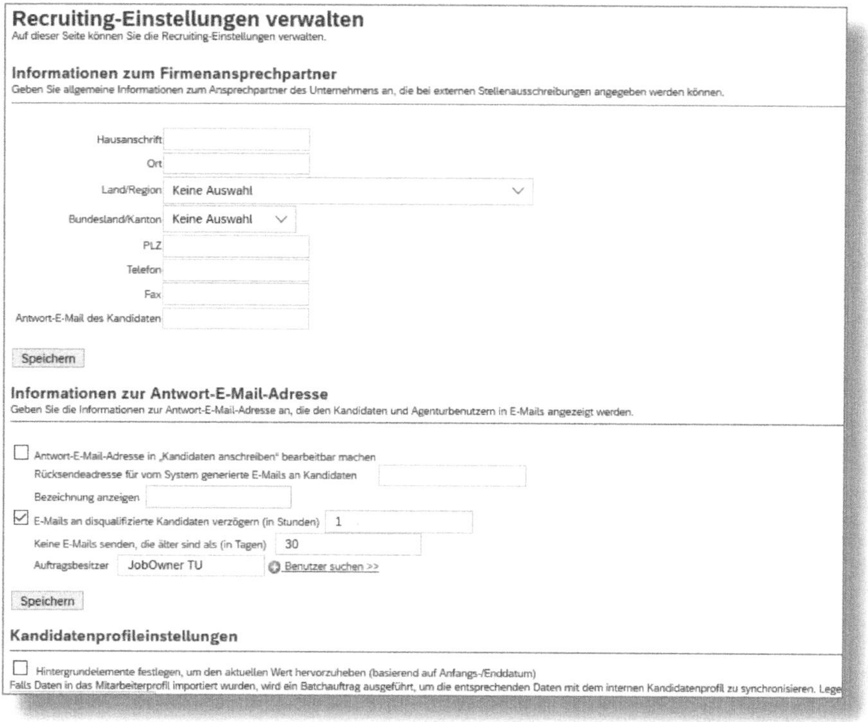

Recruiting-Einstellungen verwalten
Auf dieser Seite können Sie die Recruiting-Einstellungen verwalten.

Informationen zum Firmenansprechpartner
Geben Sie allgemeine Informationen zum Ansprechpartner des Unternehmens an, die bei externen Stellenausschreibungen angegeben werden können.

Hausanschrift
Ort
Land/Region Keine Auswahl
Bundesland/Kanton Keine Auswahl
PLZ
Telefon
Fax
Antwort-E-Mail des Kandidaten

Speichern

Informationen zur Antwort-E-Mail-Adresse
Geben Sie die Informationen zur Antwort-E-Mail-Adresse an, die den Kandidaten und Agenturbenutzern in E-Mails angezeigt werden.

☐ Antwort-E-Mail-Adresse in „Kandidaten anschreiben" bearbeitbar machen
Rücksendeadresse für vom System generierte E-Mails an Kandidaten
Bezeichnung anzeigen
☑ E-Mails an disqualifizierte Kandidaten verzögern (in Stunden) 1
Keine E-Mails senden, die älter sind als (in Tagen) 30
Auftragsbesitzer JobOwner TU Benutzer suchen >>

Speichern

Kandidatenprofileinstellungen

☐ Hintergrundelemente festlegen, um den aktuellen Wert hervorzuheben (basierend auf Anfangs-/Enddatum)
Falls Daten in das Mitarbeiterprofil importiert wurden, wird ein Batchauftrag ausgeführt, um die entsprechenden Daten mit dem internen Kandidatenprofil zu synchronisieren. Lege

Abbildung 6.35: Recruiting-Einstellungen

Einstellungen aktivieren oder deaktivieren

Gehen Sie die Einstellungen mit Ihrem Implementierungspartner durch und entscheiden Sie mit dessen Hilfe, welche Einstellungen für Ihr Unternehmen wichtig sind. Diese nehmen Sie in der Regel nur einmal vor und müssen danach nichts mehr ändern.

6.18 Weiterleitungslisten verwalten

Wenn Sie für die Stellenausschreibung einen Genehmigungsworkflow aufsetzen wollen oder müssen, dann rufen Sie die Aktion Weiterleitungslisten verwalten (Manage Route Maps) auf (siehe Abbildung 6.36).

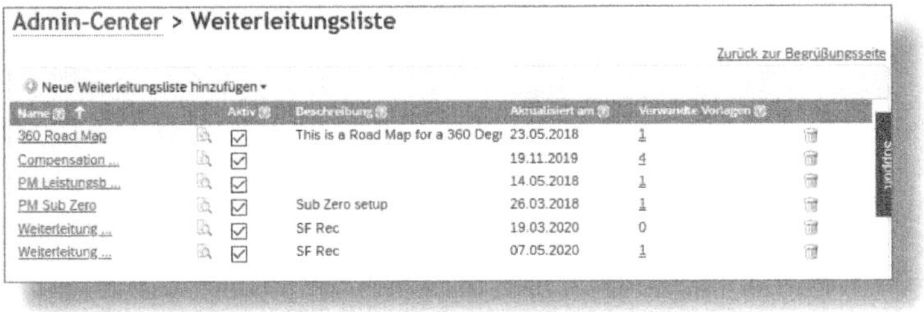

Admin-Center > Weiterleitungsliste

Zurück zur Begrüßungsseite

Neue Weiterleitungsliste hinzufügen

Name		Aktiv	Beschreibung	Aktualisiert am	Verwandte Vorlagen	
360 Road Map		☑	This is a Road Map for a 360 Degr	23.05.2018	1	
Compensation ...		☑		19.11.2019	4	
PM Leistungsb ...		☑		14.05.2018	1	
PM Sub Zero		☑	Sub Zero setup	26.03.2018	1	
Weiterleitung ...		☑	SF Rec	19.03.2020	0	
Weiterleitung ...		☑	SF Rec	07.05.2020	1	

Abbildung 6.36: Überblick über alle Weiterleitungslisten

Hier werden auch Workflows für andere Formulare verwaltet. Achten Sie daher darauf, dass Sie über Namenskonventionen die Workflows entsprechend auseinanderhalten können. Hilfreich ist dabei auch das Feld Beschreibung.

Nach der Auswahl des Workflows gelangen Sie in die Detailsicht (Abbildung 6.37).

Sie können weitere Schritte hinzufügen, indem Sie auf klicken. Alternativ können Sie einen vorhandenen Schritt anklicken und diesen anpassen (siehe Abbildung 6.38).

Hinterlegen Sie hier, wer bzw. welche Rolle den Schritt zur Bearbeitung oder Genehmigung erhalten soll.

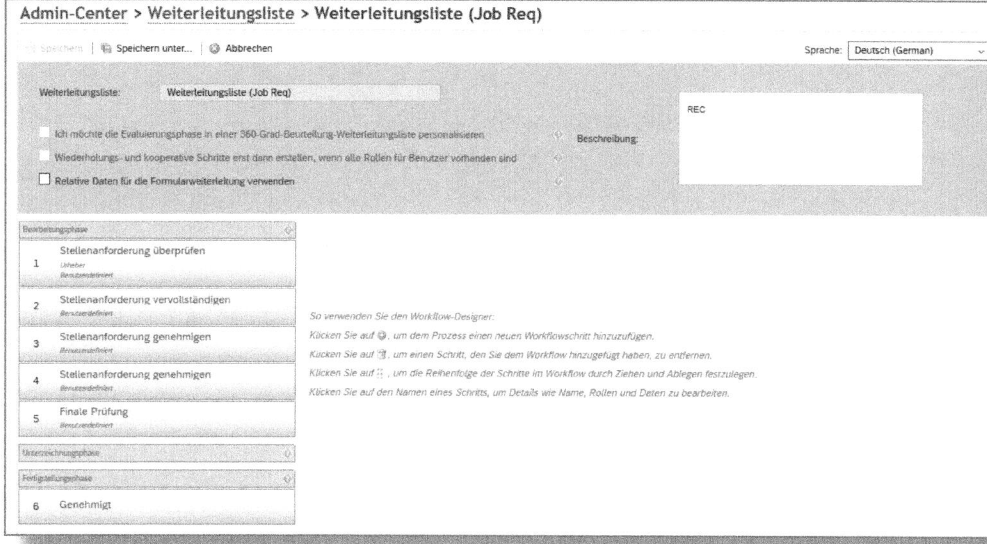

Abbildung 6.37: Detailsicht des Workflows

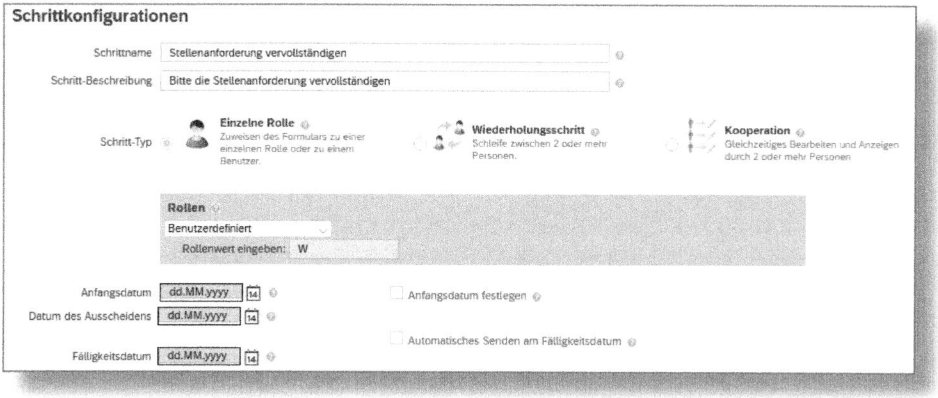

Schrittkonfigurationen

Schrittname: Stellenanforderung vervollständigen
Schritt-Beschreibung: Bitte die Stellenanforderung vervollständigen
Schritt-Typ: Einzelne Rolle – Zuweisen des Formulars zu einer einzelnen Rolle oder zu einem Benutzer. | Wiederholungsschritt – Schleife zwischen 2 oder mehr Personen. | Kooperation – Gleichzeitiges Bearbeiten und Anzeigen durch 2 oder mehr Personen
Rollen: Benutzerdefiniert – Rollenwert eingeben: W
Anfangsdatum: dd.MM.yyyy – Anfangsdatum festlegen
Datum des Ausscheidens: dd.MM.yyyy
Fälligkeitsdatum: dd.MM.yyyy – Automatisches Senden am Fälligkeitsdatum

Abbildung 6.38: Anpassung eines Workflowschritts

6.19 Recruiting-Sprachen verwalten

Grundsätzlich stehen Ihnen für das Recruiting nicht mehr Sprachen zur Verfügung, als im System aktiviert sind. Sie können aber die Sprachen weiter einschränken. In der Aktion RECRUITING-SPRACHEN VERWALTEN (Manage Recruiting Languages) können Sie die Sprachen deaktivieren, die für das Recruiting nicht zur Verfügung stehen sollen, und festlegen, welche Sprache als Standard voreingestellt sein soll (siehe Abbildung 6.39).

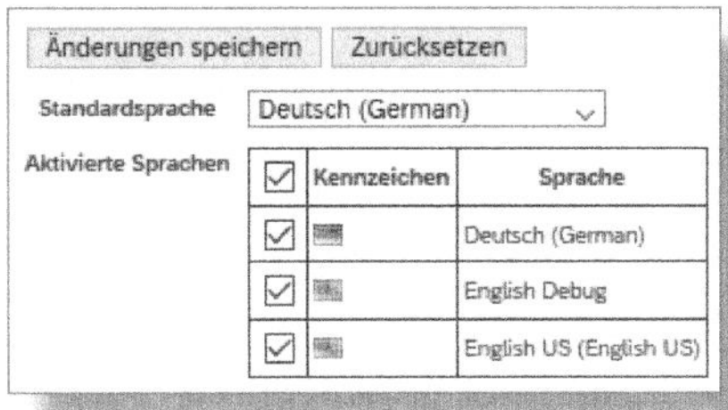

Abbildung 6.39: Sprachauswahl für das Recruiting

6.20 Recruiting aus Sicht der Anwender

Es ist schwierig, die Sicht der Anwender zu beschreiben, da dies sehr von den vorgenannten Einstellungen abhängt (Abbildung 6.40). Grundsätzlich lässt sich feststellen, dass es mehrere Rollen im System gibt, beispielsweise Recruiter, Vorgesetzter usw. Im Folgenden wird allgemein beschrieben, welche Sichten diese Rollen jeweils haben können.

Abbildung 6.40: Sämtliche Funktionen für die Anwender-Sicht

6.20.1 Recruiter-Sicht

Der Recruiter sollte in jedem Fall alle Schritte der Bewerber-Pipeline sehen und bearbeiten können. Darüber hinaus muss er die Möglichkeit haben, die Stellenausschreibungen zu erstellen und zu veröffentlichen sowie die Kandidatenprofile einzusehen und mit den Bewerbern in Kontakt zu treten.

Optionen für die Veröffentlichung einer Stellenanzeige

Stellenanzeigen können unterschiedlich veröffentlicht werden:

- Intern mit Zeitraum-Vorgabe auf der internen Bewerberseite
- Extern mit Zeitraum-Vorgabe auf der externen Bewerberseite inklusive der angebundenen Job-Portale
- Intern versteckt, d.h., es wird nur ein Link generiert, der dann per Mail an gewünschte Kandidaten verschickt werden kann, ohne dass die Bewerbung auf der internen Seite sichtbar wird
- Extern versteckt, d.h., es wird ein Link für die externe Seite generiert, ohne dass die Ausschreibung dort erscheint

6.20.2 Vorgesetzten-Sicht

Dem Vorgesetzten sollten nur die Schritte einer Bewerbung angezeigt werden, die für ihn wichtig sind, wie die Auswahl der Kandidaten, die zum Bewerbungsgespräch eingeladen werden sollen. Dabei müssen die Vorgesetzten die Bewerber selbst in den jeweiligen Status »weiterschieben«.

6.20.3 Bewerber-Sicht

Der Bewerber bewegt sich nur in seinem Profil und sieht dort alle Bewerbungen auf die entsprechenden Stellen. Je nachdem, wie transparent Sie Ihren Bewerbungsprozess gestalten, kann dem Kandidaten in seinem Profil für die vielen Schritte der Bewerbung nur In Bearbeitung angezeigt werden oder auch konkret der Schritt, in dem sich seine Bewerbung gerade befindet.

7 SuccessFactors Learning

Das SuccessFactors-Modul Learning war ursprünglich eine eigenständige Anwendung, die erst nachträglich in die SuccessFactors Suite aufgenommen wurde. Auch wenn wir dies an der einen oder anderen Stelle – wie etwa an einer separaten Benutzerdatenbank – immer noch erkennen können, so hat es die SAP insbesondere mit dem Q2-Release 2020 geschafft, die Oberfläche und die Begriffe den anderen Anwendungen von SuccessFactors anzugleichen. Wir werden Ihnen in diesem Kapitel SuccessFactors Learning aus Sicht der unterschiedlichen Benutzer vorstellen und darstellen, wie Sie das Modul an Ihre Anforderungen anpassen können. Die verwendeten Begriffe und dargestellten Abbildungen basieren auf dem Q2/2020-Release.

Der Aufbau des SuccessFactors-Moduls *Learning* (*Schulungsadministration*) – im Weiteren *Learning Management System = LMS* genannt – orientiert sich am *Learning Needs Management Model*: Ausgehend von dem ermittelten Trainingsbedarf wird das Schulungsangebot geplant und **Lernenden** als *Schulungsbedarf* zugeordnet. Der gesamte Weiterbildungsprozess lässt sich durch folgende Teilschritte und Zuständigkeiten beschreiben:

- Vorgesetzte, HR-Business-Partner oder Mitarbeiter identifizieren einen Trainingsbedarf.
- Schulungen werden durch die Trainingsadministration definiert und in einen Weiterbildungskatalog aufgenommen.
- Veranstaltungen und Veranstaltungsreihen werden durch die Trainingsadministration geplant.
- Trainings werden Personen zugewiesen.
- Präsenzkurse werden von Kursleitern durchgeführt; Onlinekurse können durch den Mitarbeiter aufgerufen werden.

- Der Abschluss des Trainings wird durch die Trainingsadministration, den Kursleiter oder den Vorgesetzten dokumentiert und der Trainingserfolg ausgewertet.

Da vor allem die Trainingsadministration dafür Sorge zu tragen hat, dass der Gesamtprozess korrekt durchlaufen wird, fokussieren wir uns im Weiteren insbesondere auf deren Aufgaben und darauf, wie SuccessFactors Learning sie dabei unterstützt. Darauf aufbauend werden wir auf die anderen Beteiligten im Weiterbildungsprozess – also Mitarbeiter, Vorgesetzte und Kursleiter – eingehen. Zusätzlich zeigen wir die Möglichkeiten des Systemadministrators, das Modul durch Konfiguration an unternehmensspezifische Weiterbildungsprozesse anzupassen.

7.1 Die wichtigsten Objekte im Modul »Schulungsadministration«

Zum grundlegenden Verständnis des Systems möchten wir Ihnen zunächst die zentralen Objekte und deren Verknüpfungen untereinander vorstellen.

7.1.1 Benutzer-Element-Kurseinheit

In SuccessFactors sind Schulungsbedarfe die dem Mitarbeiter zugewiesenen Weiterbildungsmaßnahmen. Die wichtigsten Trainingsobjekte sind demnach die Schulung und der Mitarbeiter; das LMS nennt diese *Element* und *Benutzer*.

Benutzer

Benutzerdaten enthalten alle relevanten Informationen zu einer Person (= Mitarbeiter oder Externer mit Zugriff auf LMS), und werden üblicherweise über einen Massendatenimport mittels sogenannter *Connectors*

(*Konnektoren*) (siehe auch Abschnitt 7.8) in das LMS geladen. Abbildung 7.1 zeigt einen Auszug aus einem Benutzerstammsatz.

Abbildung 7.1: Benutzerstammsatz

Einige der Felder können nicht verändert werden, sondern werden nur angezeigt, wie zum Beispiel die Felder STELLENBEZEICHNUNG und STELLENSTANDORT. Sollte eine Anpassung dieser Felder erforderlich sein, so muss dies in dem Originalsystem, also im Employee Central bzw. der Benutzerdatenbank der SuccessFactors Suite (BizX), erfolgen. Durch diese Sperre einiger Felder wird sichergestellt, dass wichtige Informationen zwischen den Benutzerdatenbanken des EC und des LMS synchron gehalten werden.

Wir können allerdings im LMS gewisse Felder wie den Primären Vorgesetzten oder die Zugriffseinstellungen ändern, wie die Abbildung zeigt, und auch weitere Felder hinzufügen. Diese werden als *benutzerdefinierte Felder* bezeichnet (siehe Abschnitt 7.3.2) und können nicht nur für Elemente, sondern auch für andere Objekte des LMS angelegt werden. Im Benutzerstammsatz sind sie sehr gut dazu geeignet, spezielle Informationen zur Person, die nicht im Standard zur Verfügung stehen, zu speichern. Die Informationen aus den benutzerdefinierten Feldern können in Auswertungen und insbesondere in *Zuweisungsprofilen* genutzt werden. Zuweisungsprofile dienen dazu, Mitarbeiter entsprechend den Merkmalen in ihrem Benutzerstammsatz einer Gruppe zuzuordnen. Dieser Gruppe können in einem weiteren Schritt Lernobjekte wie Curricula, Programme, Bibliotheken oder Elemente zugewiesen werden.

Zuweisungsprofil

Alle Mitarbeiter im Vertrieb müssen an einer Schulung zum Thema »Compliance« teilnehmen. Sie laden die Information, dass der Mitarbeiter im Vertrieb arbeitet, in ein Feld des Benutzerstamms und können dann über ein Zuweisungsprofil die Schulung für alle Ver triebsmitarbeiter verpflichtend zuordnen.

Abbildung 7.2 zeigt mögliche Regeln des Zuweisungsprofils aus diesem Beispiel.

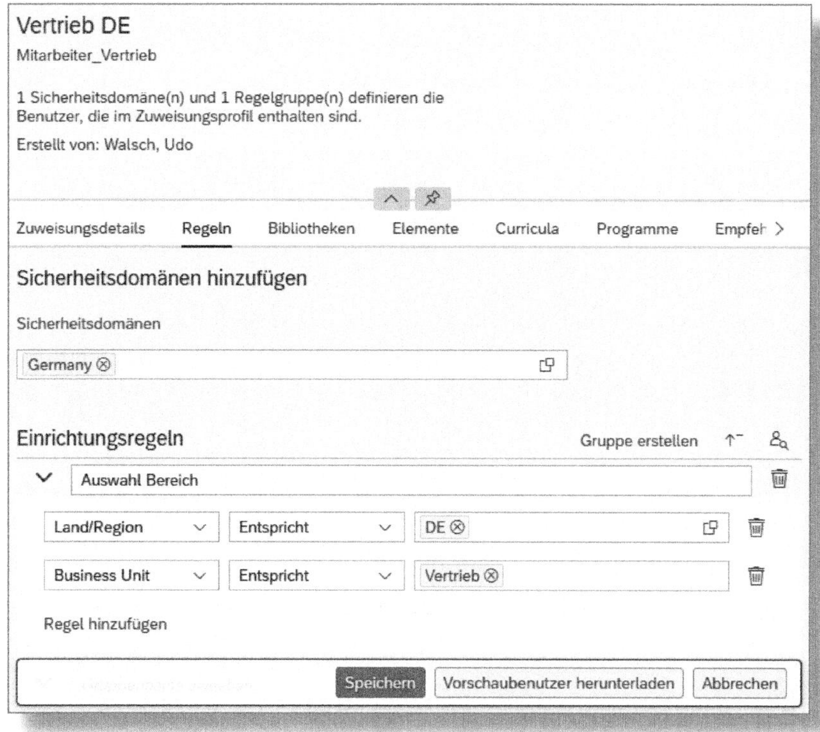

Abbildung 7.2: Zuweisungsprofil

In dem Zuweisungsprofil wurden die folgenden Regeln definiert:

- Mitarbeiter aus Deutschland
- Person arbeitet in der Business Unit *Vertrieb*
- Stammsatz muss der Sicherheitsdomäne *DE* (Germany) zugeordnet sein

Alle diese Kriterien treffen auf den Benutzer aus Abbildung 7.2 zu. Also würden ihm über das Zuweisungsprofil automatisch die Trainings angezeigt oder andere Objekte zugeordnet werden.

Fehlende Information im Benutzerstamm

Achten Sie bei der Implementierung darauf, welche Auswertungen und Zuweisungen über Felder des Benutzers (Stammdaten) ausgeführt werden sollen und nehmen Sie diese in den Benutzerstammsatz auf. Das kann Ihnen viel Arbeit ersparen.

Neben der Definition der Benutzerinformationen müssen wir in dem Einführungsprojekt die Zugriffsberechtigungen auf die Benutzerdaten festlegen. Jeder Benutzer ist einer *Sicherheitsdomäne* zugeordnet, die die Sichtbarkeit und den Zugriff regelt. Im Beispiel aus Abbildung 7.1 ist es die Sicherheitsdomäne GERMANY (DE), d. h., dieser Stammsatz ist nicht öffentlich (Sicherheitsdomäne PUBLIC), und damit nur für Trainingsadministratoren mit entsprechenden Berechtigungen sichtbar (siehe zu Berechtigungen Abschnitt 7.7).

Element – Grunddaten

Ein Element ist das wichtigste Objekt im LMS. Es enthält direkt oder über Verknüpfungen alle Merkmale eines Trainings und wird eindeutig über die Felder Klassifizierung, Element-ID und Versionsdatum identifiziert. In Abbildung 7.3 handelt es sich um ein Präsenztraining mit der Element-ID 50237 in der Version 2 vom 15.10.2018.

Versionen werden im LMS als *Überarbeitungen* bezeichnet und sind sinnvoll, wenn sich z. B. wichtige Merkmale des Elements geändert haben und dies dokumentiert werden soll, ohne dass sich die Zuordnungen ändern. In Abbildung 7.3 sehen Sie einen Ausschnitt der Grunddaten des Elements und die möglichen Zuordnungen.

Der Aufbau der Oberfläche ähnelt dem anderer LMS-Objekte, wie z. B. »Benutzer« (siehe Abbildung 7.1) oder »Kurseinheiten«.

Abbildung 7.3: Elementstammsatz

Es gibt einen Kopfbereich (❶) mit den Grunddaten, eine Navigationsleiste (❷), über welche die zusätzlichen Felder und Verknüpfungen zu ändern sind, sowie den Hauptbereich (❸), in dem die Stammdaten des Objektes dargestellt werden. Darüber hinaus kann das Element aus dieser Ansicht direkt einem Benutzer zugewiesen werden oder eine neue Version angelegt werden. Dies geht über AKTIONEN (❹).

Elemente anlegen

Das Anlegen von neuen Elementen ist über SCHULUNGSAKTIVITÄTEN • ELEMENTE • NEUE HINZUFÜGEN möglich. Es öffnet sich ein Pop-up, in dem die Grunddaten zu erfassen sind. Abbildung 7.4 zeigt einen Ausschnitt der zu erfassenden Informationen.

Neues Element hinzufügen

* = Pflichtfelder

Hinzufügen

* Sprachversion:	German
* Elementtyp:	SCHEDULED_ONLY
* Element-ID:	☑ Automatis
Überarbeitungsdatum: (30.04.2019)	
Überarbeitungszeit: (HH:mm)	
Überarbeitungsnummer:	
Titel:	Effektives Arbeiten mit Powerpoint
Klassifizierung:	Andere
Quell-ID:	
* Sicherheitsdomänen-ID:	DE
Lernmethode:	Präsenztraining (CLASSROOM)
Aufgabentyp-ID:	empfohlen (HIGH_REC)
Genehmigungsprozess-ID:	Direct Manager Approval (1-Step_Manager)
Genehmigung erforderlich:	☐
Versand erforderlich:	☐
Sicherheitsrelevant:	☐
Genehmigt:	☑
Aktiv:	☑
Automatisch aus der Warteliste einschreiben:	☐
Automatisch Kompetenzbewertung bei Elementabschluss aufzeichnen:	☐
Benutzer kann zu absolvierten Schulungen hinzufügen:	☐
Vorgesetzte können absolvierte Schulungen für direkt unterstellte Mitarbeiter hinzufügen:	☐

Abbildung 7.4: Element anlegen

Für das neue Element definieren Sie neben der Sprachversion zunächst die Klassifizierung (ELEMENTTYP); dessen ID und das ÜBERARBEITUNGSDATUM werden vom System vergeben.

Zusätzlich sollte direkt in diesem Formular der Titel des Elements definiert werden, damit es besser auffindbar ist. Ein Pflichtfeld ist die SICHERHEITSDOMÄNEN-ID. Sie bestimmt die Sichtbarkeit des neuen Elements für die Trainingsadministratoren. Darüber hinaus können wir den GENEHMIGUNGSPROZESS festlegen, d.h., ob sich Mitarbeiter für dieses Training selbst registrieren können, ohne dass eine Genehmigung durch den Vorgesetzten erforderlich ist. Des Weiteren können wir den Status des Elements an sich auf GENEHMIGT setzen. Dadurch wird es für Folgeprozesse wie Verknüpfungen und Zuweisungen freigegeben.

Nachdem wir das Element durch HINZUFÜGEN gesichert haben, müssen wir noch weitere Daten erfassen. Einige dieser Feldgruppen sind in Abbildung 7.3 in der Navigationsleiste ❷ darstellt. Es sind beispielsweise die Informationen zu den BENACHRICHTIGUNGSEINSTELLUNGEN und ONLINE-INHALTEN.

Darüber hinaus können wir Elemente über die Navigationsleiste wie folgt behandeln:

- *In Bibliotheken aufnehmen* – Bibliotheken sind Schulungskataloge, aus denen der Benutzer die Trainings auswählen kann. In Unternehmen existieren oftmals mehrere zumeist regionale Bibliotheken.
- *Einer Kategorie hinzufügen* – Trainingsmaßnahmen werden in Themenbereiche eingeteilt, damit sie für den Mitarbeiter besser/leichter auffindbar sind, wenn er z. B. nach Themen wie IT-Trainings oder Präsentationstechniken sucht.
- *Einer Agendavorlage zuordnen* – Agendavorlagen bestimmen den Ablauf der Weiterbildungsmaßnahmen, also beispielsweise die Anzahl der Tage und die Stunden pro Tag. Agendavorlagen müssen angelegt werden, um Kurseinheiten einplanen zu können.

Im Unterschied zu Präsenztrainings müssen Onlinekurse mit *Inhaltsobjekten* verknüpft werden, damit die Kursinhalte aus dem LMS direkt aufgerufen werden können. Diese Verknüpfung legen Sie über ONLINE-INHALTE an.

Das Inhaltsobjekt kann aus der Liste der verfügbaren E-Learning-Dateien ausgewählt werden. Diese können SCORM/AICC-Dateien sein, es können aber auch andere Formate wie MP4 oder PPT eingebunden werden.

Online-Kurse haben anders als Präsenztrainings keinen festen Termin, sondern können jederzeit aufgerufen werden. Wie die Einplanung von Veranstaltungen mit Termin erfolgt, wird im Folgenden dargestellt.

Kurseinheit

Für Trainings, die nicht online abgehalten werden, legen Sie Veranstaltungstermine, sogenannte *Kurseinheiten*, an. Die Kurseinheit ist die konkrete Ausprägung eines Elements. Es hat zumeist einen bestimmten Ort und einen individuellen Trainer. Einige der Informationen, wie die maximale Teilnehmerzahl, lassen sich zwar bereits am Element definieren, am Objekt »Kurseinheit« können diese Werte allerdings überschrieben werden.

Abgrenzung Element vs. Kurseinheit

Ein Excel-Einsteigerkurs wird als Element definiert und enthält die Grunddaten wie Beschreibung, Zielgruppe, Kategorie etc. Sollte der Kurs viermal im Jahr stattfinden, werden die konkreten Daten des Kurses, die an unterschiedlichen Orten und von verschiedenen Trainern durchgeführt werden, als vier Kurseinheiten angelegt.

Weitergehende Informationen zur Anlage und Bearbeitung von Kurseinheiten finden sich in Abschnitt 7.2.

7.1.2 Weitere Objekte

Neben den zentralen Objekten Benutzerstammsatz, Element und Kursseinheit sind weitere Objekte im LMS relevant. Sie helfen, die zentralen Elemente zu verknüpfen und zu sortieren:

- Ein *Programm* ist eine Abfolge von Trainings oder anderen Elementen wie Videos oder Dokumenten.
- *Curricula* stehen für eine Abfolge von Veranstaltungen, die nach Abschluss zu einer Qualifikation führen.
- Der *Lernplan* ist die Sammlung aller Trainings eines Mitarbeiters.
- Eine *Bibliothek* enthält alle Trainings, die Mitarbeiter auswählen können. Üblicherweise sind Bibliotheken den Mitarbeitern über Zuweisungsprofile zugeordnet. Sie können regional, themenspezifisch oder nach anderen Kriterien geordnet werden.

7.2 Trainings einplanen und bearbeiten

Nachdem Sie einen Überblick über die wichtigsten Objekte bekommen haben, betrachten wir nun konkret die Arbeit der Trainingsadministration und erläutern, wie das LMS Sie dabei unterstützt, Schulungen anzubieten.

Damit ein Trainingsadministrator im LMS arbeiten kann, muss er zunächst als solcher angelegt werden. Dies geht über Systemadministration • Sicherheit • Administratoren • Neue Hinzufügen. Ein Mitarbeiter in der Trainingsadministration hat also eine Benutzer-ID aus dem Benutzerstammsatz und zusätzlich eine Admin-ID. In Abbildung 7.5 ist der Administratorstammsatz zu sehen.

Neuen Administrator hinzufügen

Um einen **Neuen Administrator** hinzuzufügen, geben Sie **ID**, **Name**, **E-Mail-Adresse** und **Kennwort** des Administrators ein.
Klicken Sie auf **Hinzufügen**, um den neuen Administrator hinzuzufügen.
Klicken Sie auf **Zurücksetzen**, um den Systemstandard wiederherzustellen.

* = Pflichtfelder

Das Administratorkennwort muss folgenden Regeln entsprechen:

- Das Kennwort muss zwischen 1 und 40 Zeichen lang sein.

* Admin-ID:	12345
Nachname:	Walsch
Vorname:	Udo
Zweiter Vorname:	
* Sicherheitsdomäne:	SECURITY
Verwandter Benutzer:	
E-Mail-Adresse:	udo.walsch@mail.com
Antwort an Adresse:	
E-Mail-Name:	
* Neues Kennwort:	••••••••
* Kennwortbestätigung:	••••••••

Hinzufügen Zurücksetzen

Abbildung 7.5: Administrator anlegen

Neben den Grunddaten und der Verknüpfung zum Benutzerstammsatz sind die Berechtigungen des Administrators festzulegen, damit er Zugriff auf die Objekte hat. Zu Berechtigungen eines Administrators siehe Abschnitt 7.7.

Zu den Aufgaben eines Trainingsadministrators gehören unter anderem:

- Trainings definieren
- Kurse planen
- Kursabschlüsse festhalten

Eine neue Kurseinheit erstellen Sie am einfachsten, indem Sie ein bereits bestehendes Element auswählen und Aktion • Einplanen aufrufen. Die Basisinformationen des Elements werden in die Kurseinheit übernommen, wie in Abbildung 7.6 zu erkennen.

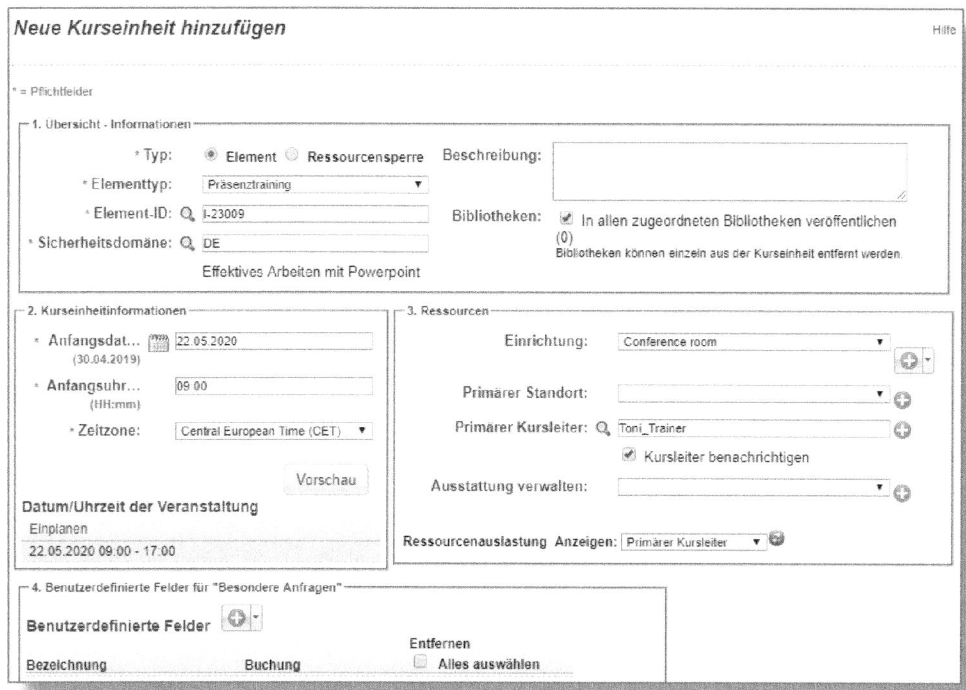

Abbildung 7.6: Kurseinheit anlegen

Die Kursinformationen im zweiten Block enthalten das Anfangsdatum und die Startzeit. Wollen Sie die Veranstaltung als regelmäßigen Termin einstellen, so ist das im Nachhinein über Kurseinheit • Kopieren möglich.

Die rechts davon stehenden Ressourcen sind Informationen zur Ausstattung des Kurses. Es werden die Einrichtung und der Standort festgelegt, wobei die Einrichtung den Ort bzw. das Gebäude bezeichnet und der Standort den Raum bestimmt. Es kann ein Kursleiter aus der Liste der verfügbaren Trainer ausgewählt werden. Zur Anlage von Kursleitern verweisen wir Sie auf Abschnitt 7.5.1.

Massenimport von Auswahllisten

Da in großen Unternehmen die Listen der Standorte und Kursleiter sehr umfangreich sein können, bietet es sich an, diese über einen Massenimport in das System zu laden (siehe dazu Abschnitt 7.8).

Weitere Informationen können Sie über die Navigationsleiste und Detailansichten zur Kurseinheit erfassen: SCHULUNGSAKTIVITÄTEN • KURSEINHEITEN • SUCHE NACH KURSEINHEITEN.

Die Kurseinheit bzw. das Training ist damit eingeplant. Es ist über das Element einer Bibliothek zugeordnet, über den die Mitarbeiter das Training selbstständig buchen können. Alternativ registriert der Trainingsadministrator Benutzer für die Veranstaltung, wie Abbildung 7.7 zeigt. Damit ist die Organisation des Trainings abgeschlossen.

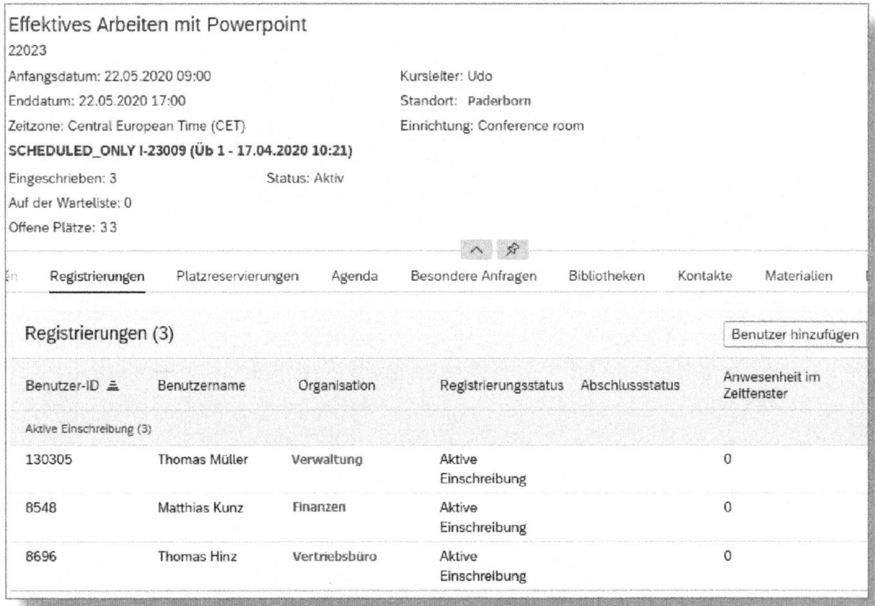

Abbildung 7.7: Registrierung

Der Kursleiter dieses Excel-Trainings kann während der Veranstaltung die tatsächlichen Teilnehmer dokumentieren (vgl. hierzu auch Abbildung 7.26).

Nachdem die Schulung abgehalten wurde, kann sie im System durch den Trainingsadministrator formal abgeschlossen werden. Sie wird dadurch zu den *absolvierten Schulungen* hinzugefügt. Dies nehmen Sie direkt aus der Kurseinheit heraus für mehrere Teilnehmer (siehe Abbildung 7.8) oder über den Benutzer für diverse Veranstaltungen gleichzeitig vor.

Kurseinheit-ID: 21008
Element: SCHEDULED_ONLY **5041591** (Üb 1 - 01.01.2018 01:00 CET)
Elementtitel: General Project Management - Grundkurs
Primärer Kursleiter: ,
Abschlussdatum: 27.01.2020 18:00 CET **Gesamtstunden (Verpflichtend):** 8.50 **Standard-Unterrichtsgebühr:** 150.00
Kontaktstunden: 8.50 **Leistungspunkt-Stunden:** 8.50
Verwandte Kompetenzen automatisch bewerten: ✔

Benutzer	Status	Note	Preis	Kostenstelle Kontenschlüssel/Zahlungsmethode	Profitcenter Kontenschlüssel	Gutschein
8696 (Hinz, Thomas)	SCHEDULED_COMPL (abgeschlossen)	2	130.00 EUR	0000599999		
Kommentare:	Betrag anpassen					
8548 (Kunz, Matthias)	SCHEDULED_COMPL (abgeschlossen)	2	150.00 EUR	0000599999		
Kommentare:	kein Konto					
130305 (Müller, Thomas)	SCHEDULED_COMPL (abgeschlossen)	3	150.00 EUR	0000599999		
Kommentare:						

Abbildung 7.8: Zu absolvierten Schulungen hinzufügen

Um eine Schulung abzuschließen, sind die Benutzer zu selektieren, der Abschlussstatus zu setzen und ggf. die Kontierung zu prüfen. Das Ergebnis der Eingaben wird in Abbildung 7.8 dargestellt: Die Kurseinheit 21008 wird mit unterschiedlichen Beträgen an die drei Kursteilnehmer belastet, und der Status wird auf »abgeschlossen« gesetzt.

Neben der Option über Aktionen auf den Objekten Kurseinheit oder Benutzer können absolvierte Schulungen auch über das Hauptmenü Benutzerschulungen verwalten • Absolvierte Schulungen für mehrere Kurse hinzufügen/bearbeiten abgeschlossen werden.

Die Kurse erscheinen danach in der Trainingshistorie des Benutzers, siehe hierzu auch Abbildung 7.20. Sollten Qualifikationen (*Kompetenzen*) mit den Trainings verknüpft sein, werden diese übernommen. Ebenso wird die Verrechnung des Trainings im Hintergrund gespeichert und steht für Folgeprozesse und Auswertungen zur Verfügung.

Außerdem hat der Teilnehmer die Möglichkeit, mittels konfigurierbarer Fragebögen eine Beurteilung zum Training abzugeben.

7.3 Systemkonfiguration

Es wurden bereits viele Felder angesprochen, die Sie für Elemente, Kurse oder andere Objekte ausfüllen können. Wie diese Felder angepasst und die Auswahllisten hinterlegt werden, erfahren Sie in diesem Abschnitt.

Bei einigen dieser Anpassungen sind zum einen spezielle Systemkenntnisse über die Abhängigkeiten der Felder, zum anderen zusätzliche Berechtigungen notwendig. Im LMS existiert dafür die Rolle des *Systemadministrators*.

7.3.1 Verweise

Verweise definieren die möglichen Eingabewerte für Felder, die keine Freitextfelder sind.

Verweise

Der Benutzerstamm enthält das Feld STELLENSTANDORT. Dieser bezeichnet den Arbeitsort des Mitarbeiters. Bei der Eingabe des Stellenstandortes können Sie aus einer Liste an verfügbaren Orten wählen. Diese Liste wird über einen Verweis – in diesem Fall VERWEISE • GEOGRAFIE • STELLENSTANDORTE – angelegt.

Sie rufen Verweise direkt über die Administratoroberfläche auf, wo sie zur besseren Übersicht in Rubriken eingeteilt sind (siehe Abbildung 7.9).

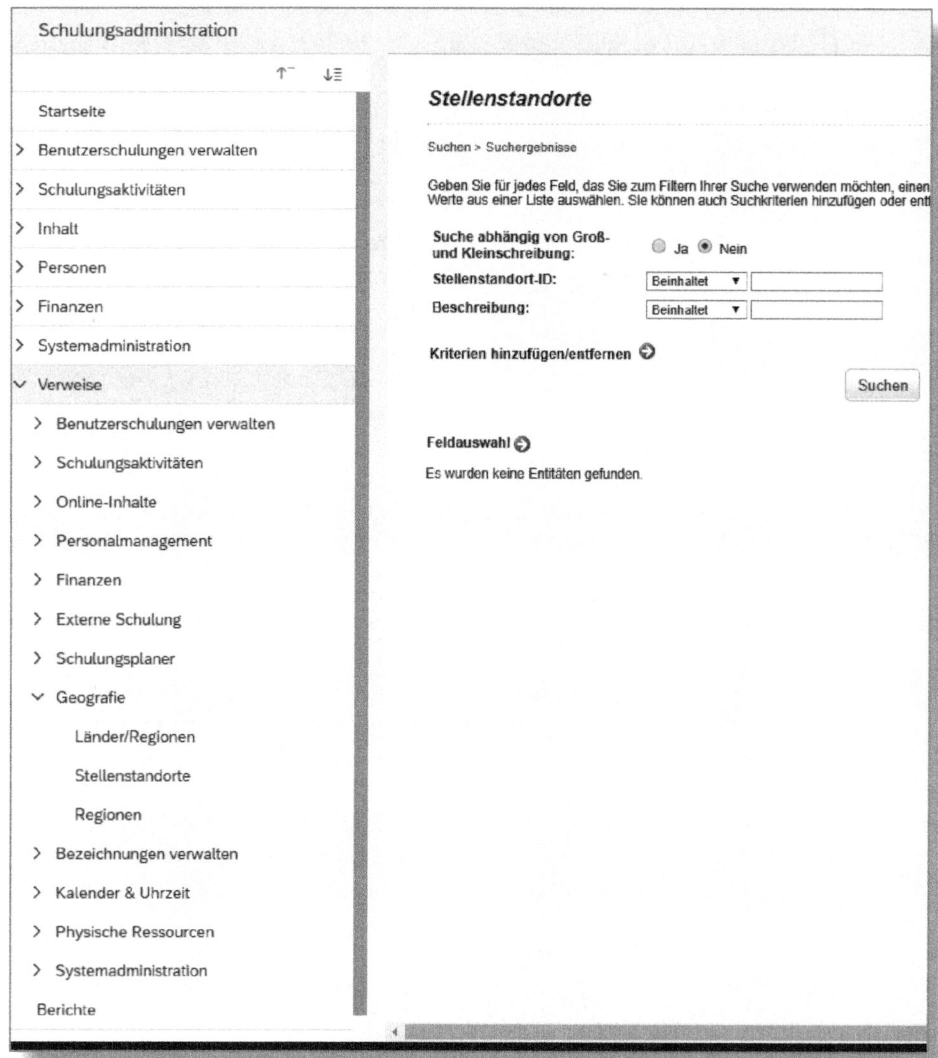

Abbildung 7.9: Navigation Schulungsadministration, Verweise

Da es zu umfangreich wäre, alle Optionen aufzuführen, werden wir uns auf einige wenige Beispiele konzentrieren, um Ihnen die Verwendung von Verweisen zu zeigen.

Kalender & Uhrzeit: Datumsformate

Es können diverse Datums- und Uhrzeitformate definiert werden. Dabei ist zu empfehlen, diese mit den Formaten in SuccessFactors Employee Central synchron zu halten, da dort weniger zur Verfügung stehen.

Datumsformate werden dem Benutzer indirekt über die Sprachversion zugeordnet, d. h., Benutzer mit der Sprache Deutsch verwenden automatisch die Datumsformat-ID dd.mm.yyyy.

Sie steuern die Ausgabe auf Berichten und Zertifikaten. Analog zu den Datumsformaten lassen sich Zahlenformate definieren und den Benutzern zuordnen.

Geografie

Unter Geografie werden Länder und Regionen angelegt, die den Benutzern zugeordnet werden. Diese Informationen können Sie in Zuweisungsprofilen verwenden, um z. B. allen Benutzern in Deutschland, Region Berlin, ein bestimmtes Training zuzuweisen. Die bereits angesprochenen Stellenstandorte sind eine weitere Unterteilung der Länder/Regionen und können die Unternehmensstruktur abbilden.

Standort vs. Stellenstandort

Stellenstandorte sind Arbeitsorte und dürfen nicht mit Standorten verwechselt werden. Standorte beziehen sich auf die Schulungsorte und können unter Physische Ressourcen geändert werden.

Über Verweise • Geografie können Sie zudem Sprachen auswählbar machen. Es stehen zurzeit 43 Sprachen zur Verfügung.

Schulungsaktivitäten und Benutzerschulungen verwalten

Über Verweise • Benutzerschulungen verwalten legen Sie insbesondere Werte an, die als Attribute von Lernobjekten wie Element oder Veranstaltung ausgewählt werden können. So werden etwa die zur Verfügung stehenden Abschlussstatus festgelegt, die für ein Element erreicht werden, oder Themenbereiche definiert, mit denen Elemente kategorisiert werden können.

Über Schulungsaktivitäten werden Elementtypen definiert.

Elementtypen stellen eine wichtige Information im LMS dar, da sie eines der drei Schlüsselfelder eines Elements sind (vgl. Abschnitt 7.1.1). Über den Elementtyp werden darüber hinaus der Abschlussstatus des Benutzers und die Basiskosten des Kurses definiert.

Weitere Verweise im Bereich Schulungsaktivitäten, die für die Felder des Elementstammsatzes relevant sind, sind *Kategorien* und *Lernmethoden*. Diese Felder dienen Trainingsadministratoren und Lernenden dazu, Trainings einfacher auffinden zu können. Beispiele für Verweise zu Kategorien sind:

- IT-Trainings
- Produktschulungen
- Verhaltenstrainings
- Arbeitssicherheitsunterweisungen

Beispiele für Lernmethoden sind:

- Video
- Audio
- Webinar
- Präsenztraining
- Einweisung

Physische Ressourcen

Diese wurden bereits bei der Anlage der Veranstaltung am Anfang von Abschnitt 7.2 kurz dargestellt. Zusätzliche Optionen sind beispielsweise:

- Ausstattungsstatus, z. B. *In Reparatur*
- Ausstattungstypen, z. B. *Sicherheits-*, *Klassenraum-* und *Laborausstattung*
- Standorttypen: *intern/extern*
- Materialien: Arbeitsblätter, Handbücher, Laborchemikalien usw.

Die Nutzung dieser Verweise unterstützt die Trainingsadministration und den Kursleiter bei der Vorbereitung der Veranstaltung. Die Abhängigkeiten zu anderen Objekten sind gering und Anpassungen daher unkritisch.

7.3.2 Benutzerdefinierte Felder

Benutzerdefinierte Felder sind zusätzliche Felder, die der Kunde modifikationsfrei anlegen kann (*Kundenfelder*). Sie können beispielsweise zu folgenden Objekten definiert werden:

- Element
- Kurseinheit
- Benutzer

Ein Kundenfeld im Benutzerstamm steht auch in Zuweisungsprofilen zur Verfügung und ist daher hilfreich, um Benutzer nach unternehmensspezifischen Kriterien auswählen zu können.

Wenn Sie ein neues Feld anlegen, wählen Sie unter SYSTEMADMINISTRATION • BENUTZERDEFINIERTE FELDER das Objekt, an dem dieses zusätzliche Feld angelegt werden soll. Über den Link NEUE HINZUFÜGEN öffnet sich das Eingabefenster. Ein kundenspezifisches Feld wird über eine frei zu vergebende numerische ID definiert (z. B. Feldnummer *010*, siehe Abbildung 7.10). Dieses Feld hat keine festgelegte Zeichenlänge, sondern die Länge ist auf 120 Bytes beschränkt. Zu jedem Feld ist eine Bezeichnung anzugeben, die in alle verwendeten Systemsprachen übersetzt werden sollte. Sollte das neue Feld eine Auswahlhilfe haben, so muss es als verwiesen angelegt werden, und die entsprechenden Werte sind zu hinterlegen.

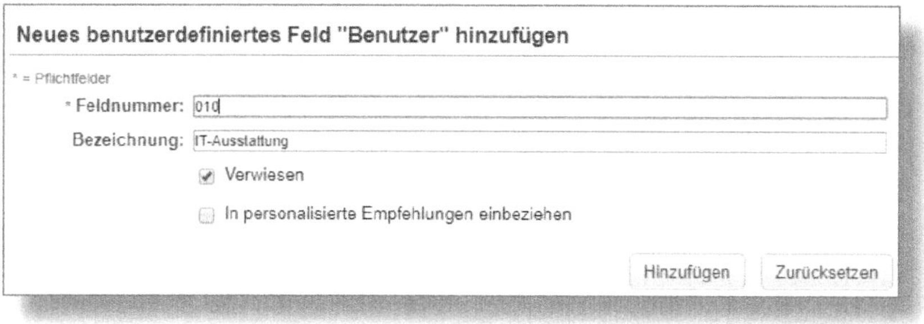

Abbildung 7.10: Benutzerspezifische Felder

Benutzerdefinierte Felder sind sofort sichtbar und werden in den Objektdetails am Ende dargestellt.

Neben der Anpassung der Datumsfelder und der Anlage von Kundenfeldern bestehen noch viele weitere Möglichkeiten, das System an die unternehmensspezifischen Prozesse anzupassen. Beispielhaft werden wir einige Aspekte der Systemkonfiguration beschreiben, um insbesondere die verschiedenen Grundtypen einer Anpassung vorzustellen.

7.3.3 Grundlegende Systemanpassungen

Die meisten Einstellungen befinden sich in dem Bereich Systemadministration • Konfiguration. Um Anpassungen vornehmen zu können, sind spezielle Berechtigungen erforderlich, siehe auch Abschnitt 7.7.3. Grundlegende Anpassungen, wie beispielsweise die Integration des LMS ins Employee Central, sind im *Provisioning* einzustellen und können nur von zertifizierten Beratern durchgeführt werden. Im

Verhältnis handelt es sich hierbei aber nur um wenige Einstellungen, sodass viele Systemeinstellungen von versierten Key-Usern durchgeführt werden können. Im Folgenden werden wir einige Beispiele nennen.

In den *globalen Anwendungseinstellungen* legen Sie generelle Systemparameter und Defaultwerte wie etwa für die Währung, den Genehmigungsprozess oder die Vertreterberechtigungen fest. Über Globale Anwendungseinstellungen • E-Mail werden grundsätzliche Einstellungen zum Mailausgang bestimmt, also beispielsweise, ob generell E-Mails aus dem System verschickt werden und, wenn ja, unter welchem Absendernamen.

Unter Anwendungsverwaltung • Benutzereinstellungen können Sie dem Benutzer erlauben, sich selbst auf Kurse zu registrieren, wie Abbildung 7.11 zeigt.

Benutzereinstellungen

* = Pflichtfelder

- [ ] Konflikte zwischen Benutzerterminen vermeiden.
- [ ] Benutzer abhalten, Benutzerplankonflikte zu generieren
- [ ] Benutzer erlauben, die Zeitzonenanzeige für Kurseinheiten auszuwählen
- [x] Zeitzone des Benutzers zur Anzeige von Kurseinheiten als Standard übernehmen
- [ ] Benutzern erlauben, regionale Daten zu ändern.
- [x] Selbstregistrierung zulassen, solange die Voraussetzungen vor dem Anfangsdatum der Kurseinheit abgeschlossen sind.
- [ ] Benutzern erlauben, ihre eigenen Kompetenzen zu bewerten.
- [ ] Benutzern den Zugriff auf Online-Inhalte ohne Registrierung erlauben.
- [ ] Benutzern die Änderung der Währung ermöglichen.
- [x] Elementanfragen von Benutzern aktivieren
- [ ] Vorgesetzten den Zugriff auf Kompetenzen für ihre Mitarbeiter erlauben

Abbildung 7.11: Benutzereinstellungen

Ähnlich wie bei der Anpassung der »globalen Anwendungseinstellungen« erfolgen Änderungen in der Anwendungsverwaltung durch einfaches Markieren der Ankreuzfelder. Sie müssen dabei die einzelnen Abfragen durchgehen und die jeweiligen Schalter setzen. Die Systemdokumentation gibt weitere Informationen zu den möglichen Auswirkungen der Anpassungen.

Template-Ansatz

Ähnlich der Einführung von Employee Central oder Recruiting arbeiten Beratungen häufig mit einem Best-Practice-Ansatz. In einer Vorlage sind bereits grundlegende Prozesse vordefiniert und im System voreingestellt. Da vielfach die Unternehmensprozesse zu der Vorlage passen, sind nur Abweichungen im System einzustellen. Dadurch reduziert sich die Einführungszeit erheblich.

Einige Systemeinstellungen sind jedoch schwieriger zu verstehen, da sie in JavaScript dargestellt und leider nicht so gut dokumentiert sind. Beispiele finden sich unter KONFIGURATION • SYSTEMKONFIGURATION. Wenn wir uns dort den Eintrag REPORT_SYSTEM anschauen, der in Abbildung 7.12 dargestellt wird, so könnten wir durch Überschreiben der Befehle die Ausgabelänge von Reports erweitern.

Konfigurations-ID : REPORT_SYSTEM
Beschreibung : Konfiguration des Berichtssystems

Systemkonfiguration bearbeiten

Konfiguration:

```
# As of 6.4, all reports are generated asynchronously to the DB.
# asyncStorageMaxSize is the maximum size (in bytes) to store, after which the report is aborted.
# Walsch:from 10485760 to 20960000 KBA 2232057
asyncStorageMaxSize=20960000
```

Abbildung 7.12: Konfiguration Report_System

In der Abbildung wurde die Anweisung mit einer neuen Länge von 20960000 Byte überschrieben. Dies führt dazu, dass ca. doppelt so viele Daten ausgegeben werden könnten.

Dies soll nur als Anschauung dienen, wie Einstellungen in der Systemkonfiguration vorgenommen werden können. Einige sind leicht zu erschließen, bei anderen bedarf es tiefgehender Systemkenntnisse, da diese Art der Systemeinstellungen nicht im System dokumentiert ist. Erläuterungen können im SAP Help Portal als SAP Note oder Knowledge Based Article (KBA) gefunden werden.

Internetsuche zu Systemdokumentationen

Geben Sie in einer Internetsuchmaschine die Schlagworte »SuccessFactors«, »Learning« und dann Details zu dem Problem ein. Alle Schlagworte sollten auf Englisch eingegeben werden, da viele KBAs nur auf Englisch zur Verfügung stehen. Oftmals erhalten Sie dadurch bereits sehr gute Lösungsvorschläge.

Dokumentation zur Ausgabelänge von Reports finden

Für unser Beispiel der begrenzten Ausgabe von Reportdaten geben wir zur Lösungssuche die Schlagworte »SuccessFactors« »Learning«, »maximum size« und »report« in die Suchmaschine ein und erhalten als ersten Eintrag den Link *https://apps.support.sap.com/sap/support/knowledge/public/en/2232057*. Es handelt sich dabei um den KBA 2232057, der die Systemkonfiguration aus Abbildung 7.12 und damit die Lösung des Problems beschreibt.

7.3.4 Benachrichtigungen

Benachrichtigungen sind E-Mails, die das System u. a. an die Benutzer, Vorgesetzten, Kursleiter oder Trainingsadministratoren verschickt. Sie werden durch Ereignisse ausgelöst und sollen den Empfänger zum Beispiel über eine Statusänderung eines Trainings oder den Ablauf einer Frist informieren.

Benachrichtigung zum Lernplan

Der Lernplan beinhaltet alle Schulungen, die dem Benutzer zugewiesen und noch nicht absolviert sind. Sollte sich ein Mitarbeiter für eine neue Schulung registrieren oder eine bereits zugewiesene Schulung storniert werden, so ändern diese Ereignisse den Lernplan. Sie lösen eine Benachrichtigung aus und informieren den Mitarbeiter in einer Mailnachricht.

Wir können konfigurieren, nach welchen Ereignissen und an welche Empfänger diese Benachrichtigungen verschickt werden. Dies sehen Sie in Abbildung 7.13.

Einstellungen für E-Mail-Benachrichtigung über Schulungsplan

- [x] Benutzer benachrichtigen, wenn Element zu seinem Schulungsplan hinzugefügt wird
- [x] Benutzer benachrichtigen, wenn Element in seinem Schulungsplan geändert wird
- [x] Benutzer benachrichtigen, wenn Element aus seinem Schulungsplan entfernt wird
- [x] Vorgesetzten benachrichtigen, wenn ein Benutzer ein Element erfolgreich abgeschlossen hat
- [x] Vorgesetzten benachrichtigen, wenn ein Benutzer ein Element nicht erfolgreich abgeschlossen hat
- [ ] Benutzer erlauben, E-Mail-Benachrichtigungseinstellungen zum Schulungsplan zu ändern

Abbildung 7.13: Benachrichtigungen zum Schulungsplan konfigurieren

Bei Veränderungen zum Lernplan werden also sowohl der Mitarbeiter als auch der Vorgesetzte informiert. Allerdings erlauben wir es dem Mitarbeiter in diesem Beispiel nicht, seine Benachrichtigungseinstellungen selbst zu ändern.

Neben der Aktivierung der Benachrichtigungen muss das tatsächliche Versenden der E-Mail eingeplant werden. Dies erfolgt über Automatische Prozesse. Das sind Hintergrundjobs, die periodisch einzuplanen sind.

Benachrichtigungen einplanen

Ein Hinweis zu Änderungen am Lernplan soll immer am Anfang der Woche an die Benutzer verschickt werden. Sie planen dazu den Prozess Benachrichtigung über Schulungsplan montags um 05:00 Uhr mit der Periodizität »wöchentlich« ein.

Die Einstellungen dazu können wir unter Systemadministration • Automatische Prozesse • E-Mail-Benachrichtigung zum Schulungsplan bearbeiten. In Abbildung 7.14 sind die erforderlichen Einstellungen vorgenommen.

Automatische Prozesse

> E-Mail-Benachrichtigung über Schulungsplan bearbeiten

E-Mail-Benachrichtigung über Schulungsplan

- Status

Ergebnis der letzten Ausführung:	Erfolgreich
Letzte Ausführung:	13.04.2020 05:00 CET
Aktueller Status:	Geplant
Nächste Ausführung:	20.04.2020 05:00 CET

- Einplanen

☑ Diesen Prozess planen

○ Stündlich — **Alle:** (1000) ▾ **Stunde(n)**

○ Täglich

◉ Wöchentlich — **Tag:** Montag ▾

○ Monatlich — **Datum:** ▾

Tageszeit: (HH:mm) 05:00

Zeitzone: Central European Time (CET) ▾

Abbildung 7.14: Benachrichtigung Schulungsplanänderung einplanen

Es ist notwendig, dass Sie sich während der Einführungsphase einen Überblick über die bereits vorhandenen Benachrichtigungen und Hintergrundjobs verschaffen. Sie müssen zum einen festlegen, welche E-Mails Sie wann versenden wollen, und zum anderen, ob Sie die Standardtexte verwenden oder diese anpassen möchten. Zwar bedeutet eine Anpassung der Vorlagen einen erheblichen Mehraufwand, allerdings ist es oftmals sinnvoll, die Standardtexte mit unternehmensspezifischen Informationen anzureichern.

Bereits 2015 hat SuccessFactors einen neuen *Editor* zum Anpassen der Vorlagen ausgeliefert. Dieser ermöglicht die Änderung der Betreffzeile und des Mailtextes über eine grafische Benutzeroberfläche, die ähnlich wie Word aufgebaut ist. Sie können den Editor über Systemadministration • E-Mail verwalten • E-Mail-Benachrichtigungsvorlagen und Auswahl der Benachrichtigungs-ID aufrufen. Abbildung 7.15 zeigt die Mailvorlage für Änderungen im Schulungsplan im neuen Editor.

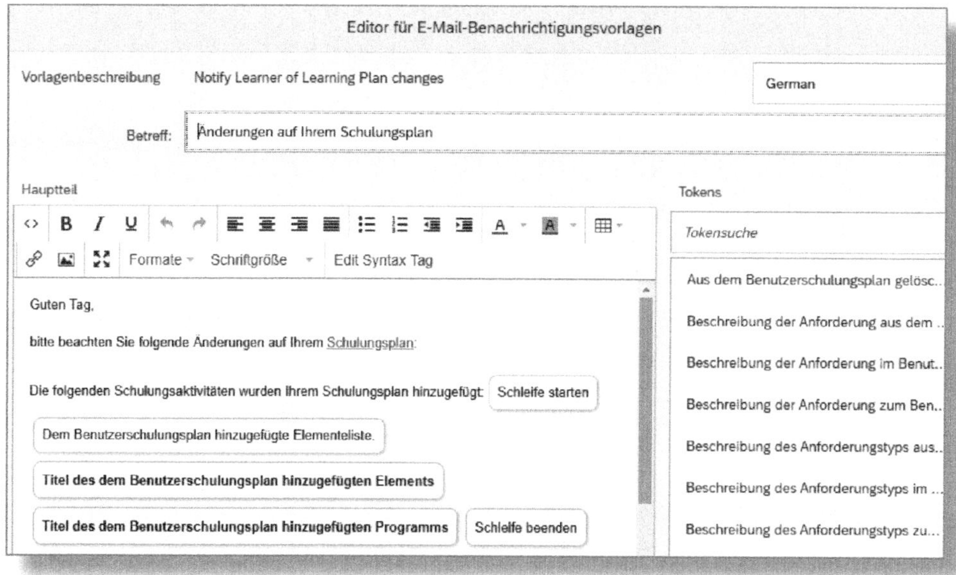

Abbildung 7.15: Benachrichtigungseditor

Sie können das Format des Textes, die Schriftart und Schriftgröße anpassen sowie Hyperlinks einfügen. Letztere können URLs auf den Schulungsplan sein, durch die die Empfänger praktischerweise direkt aus der E-Mail in das System springen können. Die Hyperlinks erzeugen Sie aus dem System über SYSTEMADMINISTRATION • TOOLS • DIREKTER LINK. Die *Tokens* sind Variablen, die zur Laufzeit mit den Informationen aus dem Element, der Veranstaltung, dem Benutzer oder anderen Objekten gefüllt werden.

Ändern der Tokensets

Jede Benachrichtigungsvorlage ist immer mit einem Tokenset verknüpft, das die zur Verfügung stehenden Variablen festlegt. So ist die Benachrichtigung zum Schulungsplan mit dem Tokenset APM_STUDENT_LEARNING_PLAN_NOTIFICATION verknüpft. Diese IDs sollten nicht geändert werden.

Zusätzlich gibt es noch die Möglichkeit, sich die HTML-Version der Benachrichtigung anzeigen zu lassen.

HTML-Text-Editor

Der HTML-Text-Editor ist zwar für die eigentliche Bearbeitung nicht erforderlich, jedoch kann man die Funktion gut nutzen, um Benachrichtigungen vom Testsystem in das Produktivsystem zu übertragen. Sie müssen dann nur den HTML-Text mittels der Funktion »Kopieren und Einfügen« von einem System in das andere übertragen. Alle Formate und Variablen werden übernommen.

Auch wenn die Bearbeitung durch den neuen Vorlageneditor intuitiv ist, sollten Benachrichtigungen intensiv getestet werden.

Benachrichtigungen können nicht nur durch definierte Ereignisse automatisiert ausgelöst werden, sondern zusätzlich vom Trainingsadministrator aus einer Veranstaltung heraus über SCHULUNGSAKTIVITÄTEN •

Kurseinheit • Aktionen • E-Mail-Benachrichtigung senden. Diese *Ad-hoc-Benachrichtigungen* eignen sich, um spezifische Informationen zu einem Training nur an die Teilnehmer dieser Veranstaltung zu schicken.

Es sind damit die Objekte und Begriffe des Moduls »Schulungsadministration« hinreichend dargestellt und ebenso, wie der Trainingsadministrator die Objekte anlegen und miteinander verknüpfen kann. Darüber hinaus sind wir auf die Konfigurationsmöglichkeiten eingegangen, um das Modul auf die unternehmensspezifischen Prozesse anzupassen. Es ist also alles vorbereitet, damit die Benutzer – also die Mitarbeiter, Vorgesetzten und Kursleiter – mit dem System arbeiten können.

7.4 Das LMS aus der Sicht der Mitarbeiter und Vorgesetzten

Nachdem wir die grundlegenden Objekte des LMS und die Arbeitsweise des Trainingsadministrators mit dem System dargestellt haben, wollen wir zunächst einen Blick aus der Perspektive des Mitarbeiters auf das LMS richten.

7.4.1 Mitarbeiter

Auf der Einstiegsseite der Benutzer sehen Sie die verschiedenen Anwendungen in dem neuen *Fiori-Design* als Kacheln. Beispiele für Standardkacheln sind:

- Schulung suchen
- Meine Schulungszuweisungen/Mein Lernplan
- Absolvierte Schulungen/Lernhistorie
- Links
- Empfehlungen

Abbildung 7.16 sowie Abbildung 7.17 zeigen Beispiele dafür.

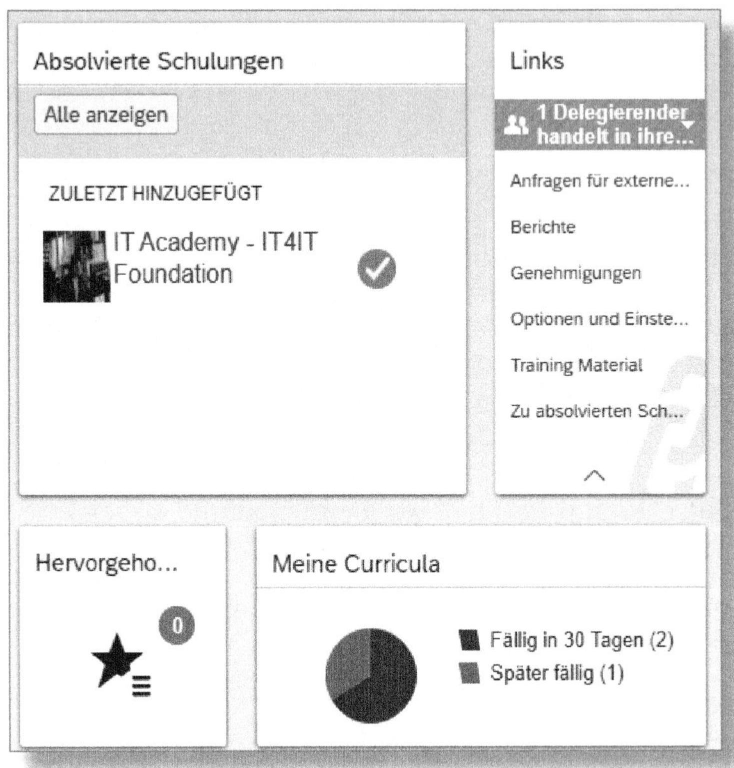

Abbildung 7.16: Kacheln auf der Einstiegsseite des Mitarbeiters

Die Darstellung dieser Kacheln kann in ihrer Anordnung und Größe individuell angepasst werden.

Darüber hinaus können Sie eigene Kacheln anlegen und mit Funktionen verknüpfen, wie etwa mit einem Verweis auf die Anwenderdokumentation. Sie haben dadurch Möglichkeiten, die Einstiegsseite für den Benutzer übersichtlich zu gestalten und ihm das Arbeiten mit dem LMS zu erleichtern.

Im Folgenden werden die einzelnen Anwendungen im Detail vorgestellt.

Der Lernplan

Die wichtigsten Informationen für den Mitarbeiter sind die ihm zugeteilten Trainings, also die Veranstaltungen oder Onlinekurse, die er in der nahen Zukunft zu absolvieren hat. Diese werden als Meine Schulungszuweisungen dargestellt (siehe Abbildung 7.17).

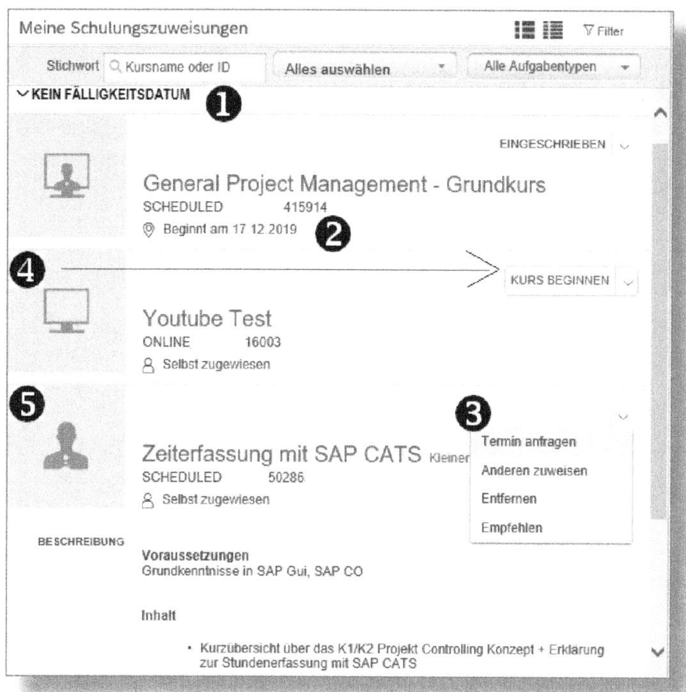

Abbildung 7.17: Beispiel-Lernplan

Der Lernplan bietet dem Benutzer damit einen sehr guten Überblick über seine anstehenden Weiterbildungen. Wie weit Kurse in der Zukunft angezeigt werden (❶), lässt sich konfigurieren. Es kann sich dabei um Kurse handeln, für die der Mitarbeiter bereits registriert ist (❷) oder solche, für die er nur zugeordnet ist und sich noch selbst auf einen konkreten Termin buchen muss (❸).

Die Trainings sind mit Icons versehen, wodurch schnell ersichtlich wird, um welche Art Training es sich handelt. Onlinekurse (❹) können direkt aus dem Lernplan heraus gestartet werden. Präsenztrainings (❺) können eingeplant oder neu geplant werden.

Diese Icons können unter SYSTEMADMINISTRATION • ANWENDUNGS-ADMINISTRATION • BILDER kundenindividuell angepasst und sogar auf Elementebene abweichend definiert werden. Dadurch kann mit einem Bild bereits auf den Inhalt des Kurses referenziert werden, was den Lernplan übersichtlicher gestaltet.

Sollten notwendige Trainings nicht im Lernplan zu finden sein, so kann der Benutzer im Schulungskatalog nach diesen Kursen suchen und sich Detailinformationen dazu anzeigen lassen (siehe Abbildung 7.18).

Abbildung 7.18: Detailinformation zu einer Veranstaltung

Mit Klick auf MIR ZUWEISEN wird der Kurs in den persönlichen Lernplan übernommen. Stehen zu dem Kurs bereits Termine fest, kann der Mitarbeiter sich für diesen Kurs registrieren. Sollte diese Veranstaltung bereits ausgebucht sein, hat er die Möglichkeit, sich auf die Warteliste setzen zu lassen. Wenn noch kein Termin feststeht, kann dieser aus der Anwendung heraus direkt angefragt werden. Über den *Registrierungsstatus* wird die Art der Verknüpfung zwischen Benutzer und Training angezeigt. Standardmäßig sind vier verschiedene Status möglich:

- *Ausstehend*: Der Benutzer hat sich registriert, aber der Vorgesetzte hat die Genehmigung noch nicht erteilt.
- *Eingeschrieben:* Die Genehmigung ist erfolgt oder es war keine Genehmigung erforderlich. Der Benutzer ist angemeldet.
- *Auf der Warteliste:* Der Benutzer ist registriert, aber das Training ist überbucht. Sollte ein Platz frei werden, rückt ein Wartender nach.
- *Storniert:* Die Registrierung wurde von der Trainingsadministration gelöscht, da die Veranstaltung z. B. abgesagt wurde.

Registrierungsstatus ändern

Da mit den verschiedenen Status Genehmigungsschritte und Benachrichtigungen verknüpft sind, sollten diese nicht geändert werden.

Kurse können auch anderen Mitarbeitern empfohlen werden – sowohl von den Benutzern als auch von den Trainingsadministratoren – und erscheinen daraufhin in der Kachel für Empfehlungen. Abbildung 7.19 zeigt das Detailbild zu den Empfehlungen.

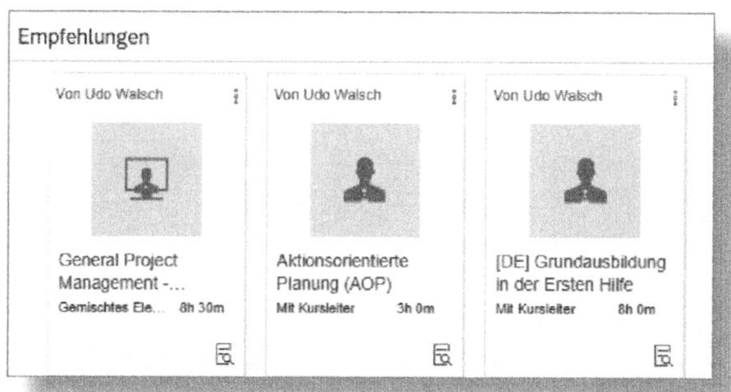

Abbildung 7.19: Kursempfehlungen, Detailbild

Trainingsadministratoren haben zudem die Möglichkeit, Kurse über Zuweisungsprofile für mehrere Mitarbeiter besonders hervorzuheben. Dies ist hilfreich, um auf besonders wichtige Trainings aufmerksam zu machen, vgl. Abbildung 7.16.

Lernhistorie

Die *Lernhistorie* listet alle absolvierten Schulungen nach Abschlussdatum, Titel und Status auf (siehe Abbildung 7.20). Der Benutzer kann sich zu den einzelnen Schulungen Details anzeigen oder mit Klick auf das Druckersymbol sein Abschlusszertifikat erstellen lassen.

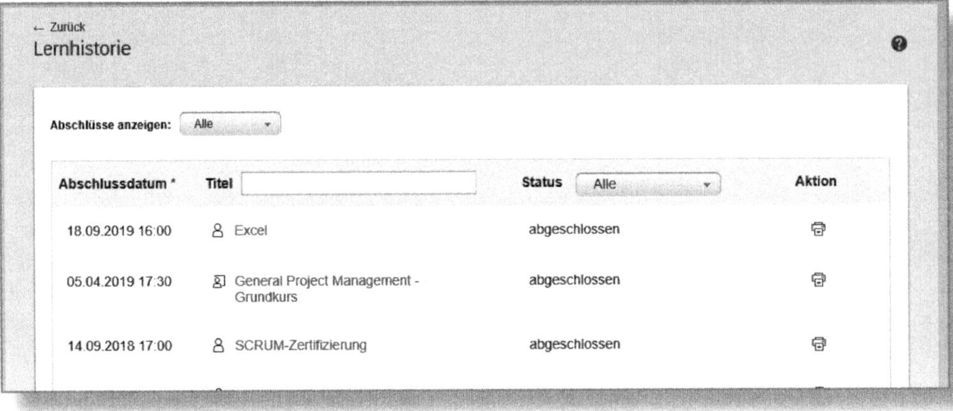

Abbildung 7.20: Lernhistorie

Das Abschlusszertifikat ist technisch gesehen ein Report, der sich anpassen lässt. Damit können Sie das Layout des Zertifikats kundenindividuell gestalten.

Für jedes Element (vgl. Abschnitt 7.1.1) ist ein spezifisches Zertifikat wählbar. Sollte auf Elementebene nichts definiert sein, wird auf das Zertifikat zurückgegriffen, welches in der Systemkonfiguration unter Zertifikatsvorlagen angelegt wurde.

Anzahl Zertifikate

Die Anpassung der Zertifikate erfolgt über SYSTEM-ADMINISTRATION • KONFIGURATION • ABSCHLUSSZERTIFIKATSVORLAGEN oder den *Plateau Report Designer (PRD)* und ist insbesondere über den PRD recht aufwändig. Halten Sie also die Anzahl der Zertifikatsvorlagen möglichst gering. Dies erhöht zudem die Übersichtlichkeit für den Administrator. In einigen Ländern sind bestimmte Angaben in den Bescheinigungen verpflichtend. Daher sollte ein Zertifikat so angelegt werden, dass diese Anforderungen für alle Trainingsarten und jeden Standort abgedeckt sind.

Links

In der Kachel *Links* werden weitere Navigationsmöglichkeiten angeboten, wie die Abbildung 7.16 zeigt.

- *Anfragen für Externe Trainings:*

Schulungen, die intern durchgeführt oder regelmäßig von externen Schulungsanbietern angeboten werden, erscheinen im Schulungskatalog ebenso wie alle im Unternehmen verfügbaren Onlinekurse. Sie sind dem Benutzer zugänglich, sofern ihm der Schulungskatalog über ein Zuweisungsprofil zugeordnet ist (vgl. Abschnitt 7.1.1 – Benutzer).

Es gibt aber auch Trainings oder Veranstaltungen, die nur sporadisch angefragt werden oder für die es bisher noch keine Nachfrage gegeben hat, weshalb sie nicht als Element angelegt und in keinem Schulungskatalog enthalten sind. Möchte ein Benutzer sein Interesse für einen noch nicht existierenden Kurs bekunden, so kann er ihn im System über ein Online-Formular anfragen. Dies wird als *Anfrage für Externe Trainings* bezeichnet. Dieses Formular wurde ursprünglich für den amerikanischen Markt konzipiert – und leider sieht man es ihm noch an. Zwar kann es über Systemadministration • Konfiguration • Anfrage für externe Schulung firmenspezifisch angepasst werden, die Möglichkeiten sind allerdings eingeschränkt. So können nur Felder ein- oder ausgeblendet oder von verpflichtend auf optional gesetzt werden. Das Layout, also die Anordnung der Felder, ergibt sich dann dynamisch.

- *Optionen und Einstellungen:*

Über Links • Optionen und Einstellungen kann der Benutzer, entsprechende Berechtigungen vorausgesetzt, seine Präferenzen für die verwendete Sprachversion (inkl. Format) und Zeitzone einstellen sowie welche Benachrichtigungen ihm übermittelt werden, wie Abbildung 7.21 zeigt.

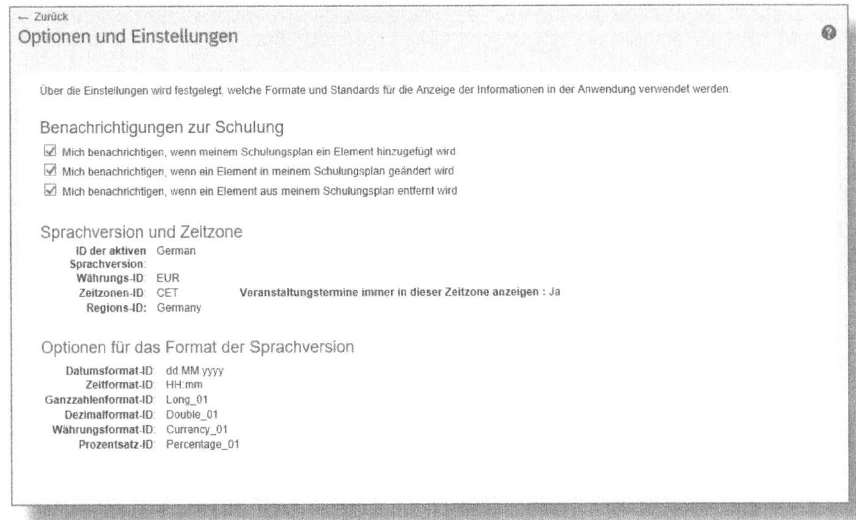

Abbildung 7.21: Optionen und Benutzereinstellungen

- *Zu absolvierten Schulungen hinzufügen:*

Der Mitarbeiter kann hier einen Genehmigungsprozess starten, um eine Schulung, die nicht im System angelegt ist, in seine Lernhistorie zu übernehmen.

Neben den genannten Funktionen können Sie noch bis zu zehn weitere URLs unter Links aufnehmen. Dies stellt eine zusätzliche Option dar, unternehmensspezifische Dokumente oder Webseiten direkt in das LMS einzubinden.

7.4.2 Vorgesetzter

Der *Vorgesetzte* hat zusätzlich die Ansicht Meine Mitarbeiter. Um als Vorgesetzter agieren zu können, muss man im Benutzerstamm als solcher angegeben sein – spezielle Berechtigungen sind nicht erforderlich. Sie haben die gleiche Berechtigungsrolle wie die Mitarbeiter, können für diese aber Schulungen zuweisen und Registrierungen vornehmen, wie die Abbildung 7.22 zeigt.

Abbildung 7.22: Mitarbeiterliste für Vorgesetzte

In dem Bereich Meine Mitarbeiter sieht der Vorgesetzte eine Liste seiner Teammitglieder und zu den einzelnen Personen in der Detailansicht den Lernplan. So kann sich der Vorgesetzte schnell einen Überblick über die noch ausstehenden Weiterbildungsmaßnahmen verschaffen. In dem Beispiel aus Abbildung 7.22 muss der Mitarbeiter Thomas Hinz seine Kenntnisse in Excel verbessern. Diese Schulung wurde durch den Vorgesetzten selbst zugewiesen.

Zusätzlich haben Vorgesetzte in der Inbox Anfragen ihrer Mitarbeiter für genehmigungspflichtige Schulungen zu bearbeiten. Ob eine Schulung genehmigungspflichtig ist, wird am Element in dem Feld Genehmigungsprozess definiert. Standardmäßig gibt es einen einstufigen Genehmigungsprozess, d. h., Genehmigungen erteilt der direkte Vorgesetzte.

Darüber hinaus bietet es sich an, den Vorgesetzten einen Zugriff auf mitarbeiterbezogene Auswertungen zu ermöglichen, insbesondere zur Lernhistorie des Mitarbeiters. Diese Berichte müssen einzeln autorisiert werden, siehe hierzu auch Abschnitt 7.7.3.

Viele Standardberichte erzeugen Listen im CSV-Format, die nach Excel exportiert und dort aufbereitet werden können. Das Layout der Berichte ist dadurch wenig komfortabel, insbesondere für weniger versierte Benutzer. Es ist allerdings zu hoffen, dass sich dieses Manko mit dem neuen *Report Center* geben wird. Das Report Center, welches mit dem Q4-Release 2019 ausgeliefert wurde, ist der neue Einstiegspunkt für Auswertungen im SuccessFactors und soll voraussichtlich ab 2021 auch Berichte aus dem LMS beinhalten.

7.5 Kursleiter

Als *Kursleiter* bezeichnen wir im LMS Personen, die Präsenzschulungen durchführen.

7.5.1 Kursleiter anlegen

Ähnlich wie Trainingsadministratoren müssen wir Kursleiter im LMS anlegen und ihnen Berechtigungen zuweisen. Dies können wir unter Personen • Kursleiter • Neue hinzufügen durchführen. In Abbildung 7.23 sehen Sie die zu erfassenden Informationen.

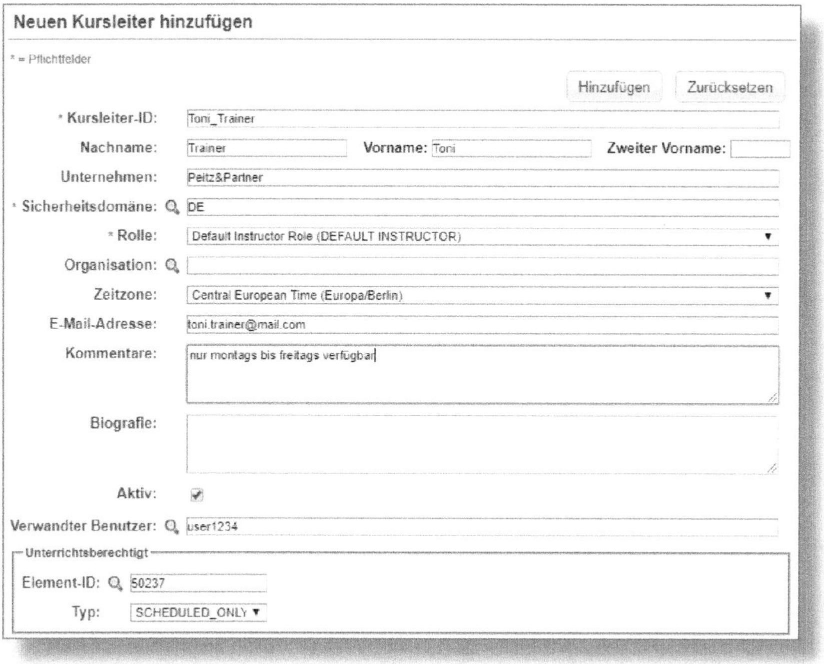

Abbildung 7.23: Kursleiter anlegen

Die KURSLEITER-ID ist frei zu vergeben. Sie kann synchron mit der verknüpften Benutzer-ID gehalten werden. Die SICHERHEITSDOMÄNE regelt den Zugriff für Trainingsadministratoren auf diese Kursleiter und die ROLLE definiert den Zugriff des Kursleiters auf Daten.

Berechtigungssteuerung Kursleiter

zB

Der Kursleiter TRAINER_01 ist in der Sicherheitsdomäne PUBLIC, also können alle Administratoren diesen Kursleiter Trainings zuordnen. Der Trainer selbst hat die Berechtigungen aus der Rolle DEFAULT_INSTRUCTOR und kann auf Trainings und Benutzer zugreifen, die in dieser Rolle angegeben sind. Die zusätzlichen Informationen wie Zeitzone und Organisation können Hinweise darauf geben, ob es sinnvoll ist, diesen Kursleiter einem bestimmten Training zuzuordnen.

7.5.2 Kursleiter mit Trainings verknüpfen

Bei der Anlage eines Kursleiters kann dieser für Elemente als UNTERRICHTSBERECHTIGT gekennzeichnet werden. Damit wird deutlich gemacht, dass diese Person qualifiziert ist, das angegebene Training zu leiten. Dadurch können Sie sicherstellen, dass nur qualifizierte Kursleiter als *primäre Kursleiter* für ein Training ausgewählt werden. Das Verknüpfen des Kursleiters mit dem Veranstaltungstermin zeigt Abbildung 7.24.

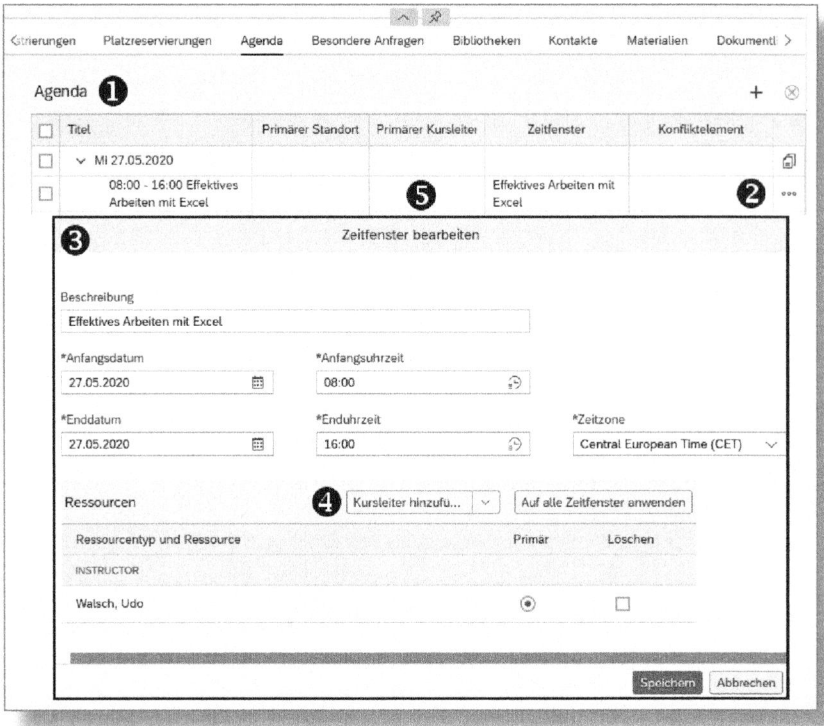

Abbildung 7.24: Kursleiter mit Kurseinheit verknüpfen

Eine Kurseinheit hat eine AGENDA (❶), in der die Veranstaltungstermine (ZEITFENSTER) über den Button am rechten Zeilenrand (❷) angelegt werden können. Dadurch öffnet sich der Detailbildschirm zum ZEITFENSTER BEARBEITEN (❸). Jedes dieser Zeitfenster hat ein ANFANGS- und ein ENDDATUM sowie eine ANFANGS- und ENDUHRZEIT.

Außerdem können wir jeweils die möglichen Kursleiter hinzufügen (❹), von denen der primäre Kursleiter nach dem speichern in der Übersicht angezeigt wird (❺).

Ebenso kann der Kursleiter bereits bei der Anlage der Kurseinheit zugeordnet werden, wie in Abbildung 7.6 dargestellt.

7.5.3 Die Ansicht als Kursleiter

Meldet sich der Kursleiter am System an, so sieht er seine *Klassen* angezeigt, also alle Kurseinheiten, denen er zugewiesen ist. Abbildung 7.25 zeigt die Ansicht für den Kursleiter.

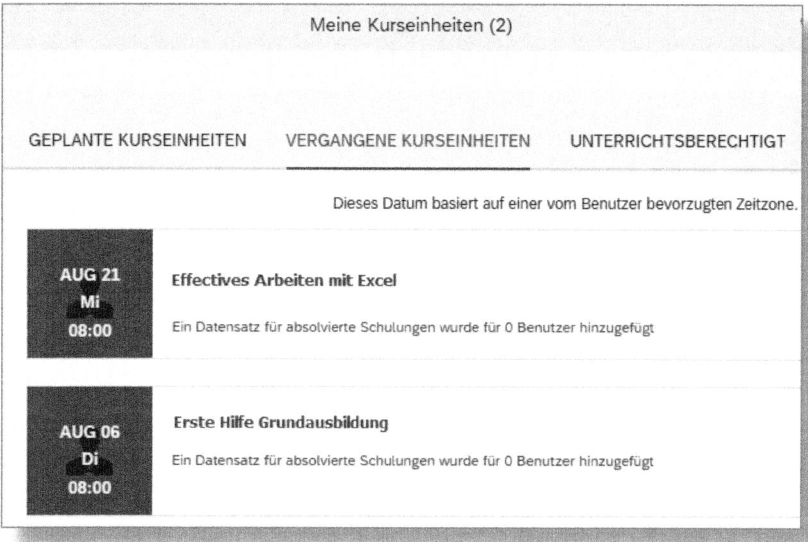

Abbildung 7.25: Einstiegsseite Kursleiter

Die Klassen sind eingeteilt in:

- Geplante Kurseinheiten: zukünftige Veranstaltungen, bei welchen der Benutzer als Kursleiter eingetragen ist

- Vergangene Kurseinheiten: Veranstaltungen aus der Vergangenheit, sofern diese noch nicht von der Trainingsadministration abgeschlossen wurden
- Unterrichtsberechtigt: alle Elemente, bei denen der Benutzer als Kursleiter eingetragen ist

Durch Klick auf die Symbole zu den Kurseinheiten werden in der Detailansicht weitere Informationen wie Kurstermin und Ort sowie eine Beschreibung angezeigt. Der Kursleiter kann sich die Teilnehmer anzeigen lassen und auch noch weitere Teilnehmer direkt hinzufügen.

Die Teilnehmerliste kann als PDF ausgegeben werden. Technisch ist das ein Report, der über den PRD (siehe auch Abschnitt 7.6) kundenindividuell angepasst werden kann.

Nach Abschluss der Veranstaltung kann der Trainer direkt im System die Anwesenheiten markieren, wie Abbildung 7.26 zeigt.

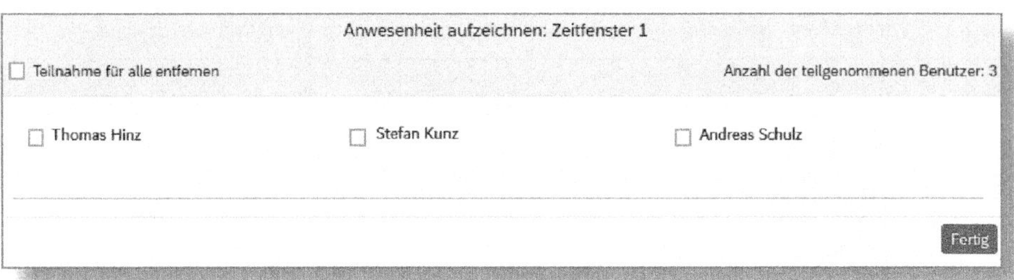

Abbildung 7.26: Anwesenheiten dokumentieren

Damit ist der Prozess für den Kursleiter abgeschlossen und die Trainingsdaten stehen der Trainingsadministration für Auswertungen und Folgearbeiten zur Verfügung.

7.6 Auswertungen

Auswertungen werden im LMS *Berichte* genannt. Es stehen dem Trainingsadministrator ca. 130 verschiedene Standardberichte zur Verfügung. Diese sind in den Rollen zu berechtigen, sodass man genau steuern kann, welcher Trainingsadministrator Zugriff auf welchen Bericht hat.

Die Berichte können ebenso dem Benutzer, Vorgesetzten oder Kursleitern zugänglich gemacht werden. Dies erfolgt ebenfalls über die Berechtigungsrollen, vgl. hierzu Abschnitt 7.7.2. Zusätzlich können Berichte einer *Berichtsgruppe* zugeordnet werden. Dies steuert, in welchem Ordner der Bericht angezeigt wird. Abbildung 7.27 verdeutlicht das.

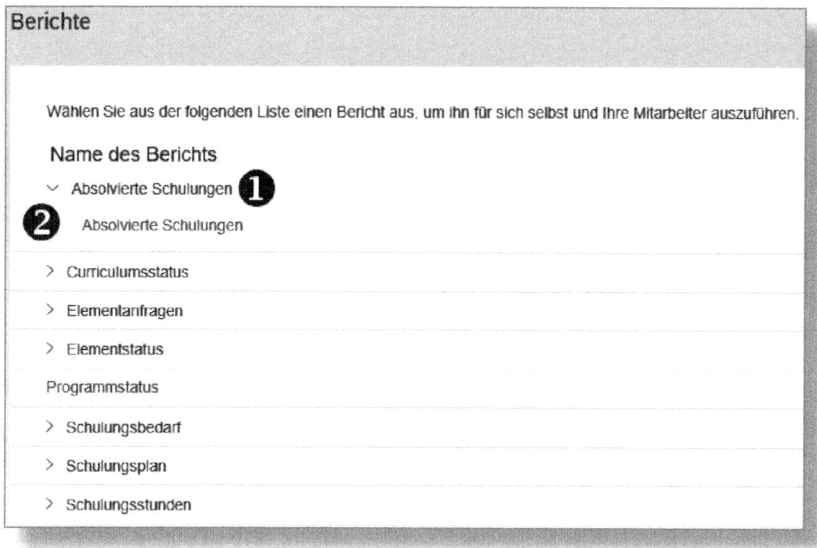

Abbildung 7.27: Berichte Mitarbeiter

Der Bericht ABSOLVIERTE SCHULUNGEN (❷) ist der Standardberichtsgruppe *UserLearningHistory* zugeordnet und erscheint deshalb unter dem Ordner ❶.

So haben Sie die Möglichkeit, Auswertungen für den Mitarbeiter, Vorgesetzten oder Kursleiter zugänglich zu machen. Sollten die Standardberichte nicht ausreichen, können diese durch den Kunden verändert werden, oder es können neue Berichte programmiert werden. Das erfolgt über den PRD. Dies ist ein eigenständiges Tool. Die Anlage oder auch die Anpassung von Reports wird also außerhalb des LMS durchgeführt. Zur Anpassung von Reports sind nicht nur Erfahrungen mit der Oberfläche des PRD, sondern auch vertiefte SQL-Kenntnisse notwendig. Daher ist es für den Anwender leider nicht möglich, sich ad hoc individuelle Abfragen selbst zu bauen, wie dies beispielsweise andere Module in SuccessFactors gestatten. Das ist einer der Nachteile des LMS.

In dem *Berichte*-Menü, zu welchem nur die Trainingsadministratoren Zugriff haben, werden uns alle Berichte angezeigt. Diese sind in Kategorien eingeteilt, was das Auffinden erleichtert. Abbildung 7.28 zeigt zwei der Auswertungen, die der Kategorie Lernen zugeordnet sind.

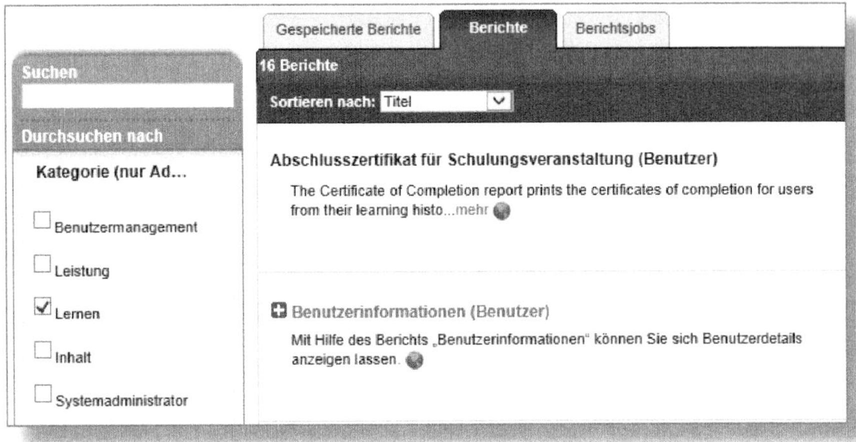

Abbildung 7.28: Berichte

Berichte mit langen Laufzeiten können wir als Hintergrundjob einplanen und uns benachrichtigen lassen, sobald der Bericht erstellt wurde.

Wie bereits im Abschnitt 7.4.2 angesprochen, ist das Ausgabeformat all dieser Berichte lediglich TXT, CSV oder HTML und dadurch nicht mehr zeitgemäß. Aber auch hier ist zu erwarten, dass die SAP durch die Integration des LMS in das Report-Center eine Verbesserung bereitstellen wird.

7.7 Berechtigungen

Es wurde schon an verschiedenen Stellen auf die Berechtigungen verwiesen und wie diese die Ansichten für die Benutzer und den Zugriff auf Objekte steuern. Da es in Unternehmen unterschiedliche Anforderungen hinsichtlich der Berechtigungen gibt, sind im Einführungsprojekt die ausgelieferten Berechtigungsrollen auf ihre spezifischen Anforderungen anzupassen. Es bedarf dazu eines grundlegenden Verständnisses, wie die Zugriffssteuerung im LMS erfolgt.

7.7.1 Sicherheitsdomänen

Sicherheitsdomänen (Domänen) definieren den Zugriff auf Objekte. Domänen können hierarchisch aufgebaut sein und die Berechtigungen somit entsprechend der Unternehmensstruktur steuern.

Zugriff auf Objekte

Ist das Objekt »Element« der Domäne »DE« zugeordnet, dann haben jene Trainingsadministratoren Zugriff auf dieses Training, die zum einen Elemente bearbeiten dürfen und zum anderen für die Domäne »DE« berechtigt sind.

Um die Berechtigungen synchron zur Unternehmensstruktur zu halten, würden wir also allen Trainingsadministratoren in Deutschland die Domäne »DE« freigeben.

Die Sicherheitsdomäne *PUBLIC* ist die Default-Domäne und in jedem System verfügbar. Alle Trainingsadministratoren haben üblicherweise Zugriff auf die PUBLIC-Domäne, daher sollten keine Objekte in der PUBLIC-Domäne gespeichert werden, deren Zugriff beschränkt werden muss.

Abgrenzung Sicherheitsdomäne zu Bibliothek

Sicherheitsdomänen sind für Trainingsadministratoren; Bibliotheken sind für Benutzer. Betrachten Sie bei der Definition der Domänen und der Domänenstruktur primär die Zugriffe der Trainingsadministratoren und nicht die der Mitarbeiter.

Sicherheitsdomänen werden unter SYSTEMADMINISTRATION • SICHERHEIT • SICHERHEITSDOMÄNEN • NEUE HINZUFÜGEN angelegt.

7.7.2 Sicherheitsdomänengruppen

Sicherheitsdomänengruppen definieren eine Gruppe von Domänen, auf die der Trainingsadministrator Zugriff hat. Tatsächlich werden in Berechtigungsrollen nicht Domänen selbst, sondern Sicherheitsdomänengruppen zugeordnet.

Absicherung von Sicherheitsdomänengruppen

Sicherheitsdomänengruppen sollten der Sicherheitsdomäne *SECURITY* zugeordnet sein, bzw. einer höheren Sicherheitsdomäne, damit sie nicht vom Trainingsadministrator selbst geändert werden können.

Der Domänengruppe EURO sind die Domänen PUBLIC und EURO zugeordnet. Sicherheitsdomänen können – wie bereits erwähnt – hierarchisch aufgebaut sein. In unserem Beispiel ist die Domäne EURO weiter in die Regionen DE/RU/ES (SICHERHEITSSUBDOMÄNEN) unterteilt. Wir können daher hier festlegen, ob Subdomänen einbezogen werden sollen oder nicht. In unserem Beispiel ist das der Fall, d. h., der Zugriff wird auf die oberste Domäne und alle darunterliegenden erteilt.

Domänengruppen wirken additiv, sofern sie sich auf dieselben Berechtigungen beziehen, d. h., soll ein Trainingsadministrator Zugriff auf zwei

Domänen haben, so kann entweder eine Domänengruppe, die beide Domänen enthält, angelegt werden, oder es werden dem Trainingsadministrator zwei Rollen zugeordnet, die dieselben Berechtigungen, aber mit unterschiedlichen Domänengruppen enthalten.

Die Komplexität der Domänenstruktur ist insbesondere abhängig von der Struktur des Unternehmens, vom Zentralisierungsgrad der Trainingsadministration und von der Anzahl der Trainingsadministratoren im System.

Abbildung 7.29: Sicherheitsdomänengruppen bearbeiten

7.7.3 Berechtigungs-ID

Berechtigungs-IDs (Berechtigungen) definieren, welche Aufgaben der Trainingsadministrator durchführen darf, also **was** er tun darf. Domänengruppen dagegen definieren, auf **welche Objekte** er Zugriff hat. Zu den Berechtigungen gibt es Funktionen wie:

- Hinzufügen
- Suchen
- Löschen
- Bearbeiten
- Anzeigen

In Abbildung 7.30 sehen Sie die Rolle *LEARNING_ADMIN* und die zugeordneten Berechtigungen.

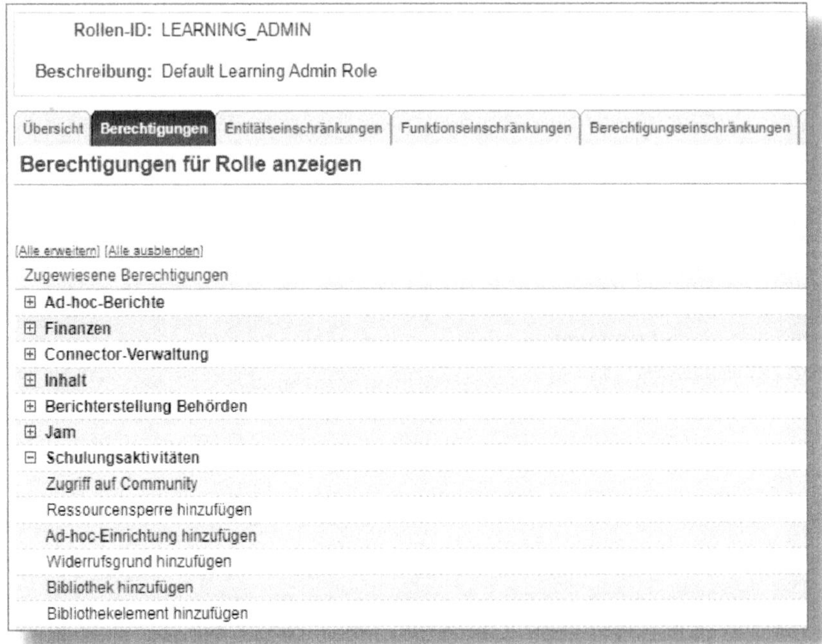

Abbildung 7.30: Berechtigungen der Rolle LEARNING_ADMIN

Die Rolle gibt also die Berechtigung, Bibliotheken hinzuzufügen, wie in Abbildung 7.30 nachvollziehbar. Es sind für jede Aktion über eine Berechtigung das Berechtigungslevel (Funktionen) und zu jeder Berechtigung die Berechtigungseinschränkungen (Domänengruppe) festzulegen, in denen diese Aktionen durchgeführt werden dürfen. Wir können die Berechtigungen der Rolle auch nach Objekten (Entitätseinschränkungen) und Funktionen (Funktionseinschränkungen) anzeigen lassen und bearbeiten.

Sicherheitsdomänen und Berechtigungseinschränkungen

Halten Sie die Sicherheitsdomänenstruktur und -gruppen so gering wie möglich. Das erleichtert die erstmalige Anlage und zukünftige Anpassungen von Berechtigungsrollen erheblich.

7.8 Integration und Datenmigration

7.8.1 Konnektoren

Für die Datenmigration aus dem Altsystem in SuccessFactors LMS stehen sogenannte *Connectors (Konnektoren)* zur Verfügung. Es handelt sich dabei um Excel-Vorlagen, die je nach zu importierendem Objekt verschiedene Spalten haben. Der Konnektor für Elemente ist mit 35 Spalten sehr umfangreich, von denen allerdings nicht alle verpflichtend sind. Um ein Element eindeutig zu identifizieren, reichen die Informationen zu Elementtyp, Element-ID und Überarbeitungsdatum, vergl. Abschnitt 7.1.1. Für den Benutzer-Konnektor, d. h. für den Import der Benutzerstammsätze, ist lediglich die Benutzer-ID ein Schlüsselfeld.

Die Excel-Vorlage wird in eine TXT-Datei gespeichert und auf dem Austauschverzeichnis abgelegt. Dabei handelt es sich um einen SFTP-Server. Über einen Automatischen Prozess werden die Daten in die Datenbank des LMS geschrieben. Abbildung 7.31 zeigt die Einplanung des Konnektor-Uploads.

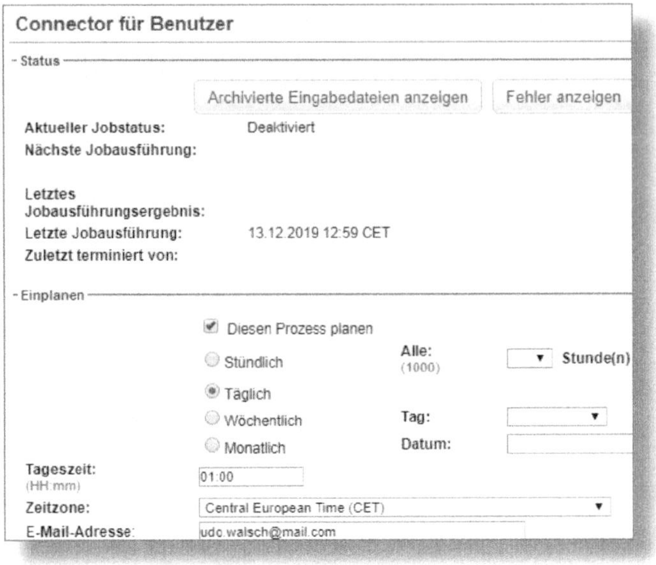

Abbildung 7.31: Benutzer-Connector

Es werden also täglich um 12:59 die Benutzerdaten im LMS aktualisiert. Das LMS verarbeitet dazu eine Datei, die über Employee Central auf dem SFTP-Server abgelegt worden ist.

Auch wenn die Protokolle aufschlussreich sind und nicht verarbeitete Datensätze anzeigen, ist der Weg über ein Austauschverzeichnis fehleranfällig. Leider sind an dieser Stelle die einzelnen Module innerhalb von SuccessFactors noch nicht so integriert, wie wir das erwarten würden. Die Integration zwischen Employee Central und Recruiting ist beispielsweise besser gelöst. Es ist allerdings zu erwarten, dass die SAP auch das LMS besser an die Stammdatenversorgung anbinden wird.

Eine weitere Möglichkeit, Objekte in das LMS zu laden, bietet das Import-Tool. Hierüber können Massendatenänderungen für z. B.

- Administratorrollen,
- Zuweisungen und
- Benutzer

erfolgen. Auch hierfür gibt es Excel-Vorlagen. Diese können allerdings direkt vom Desktop hochgeladen werden (siehe Abbildung 7.32).

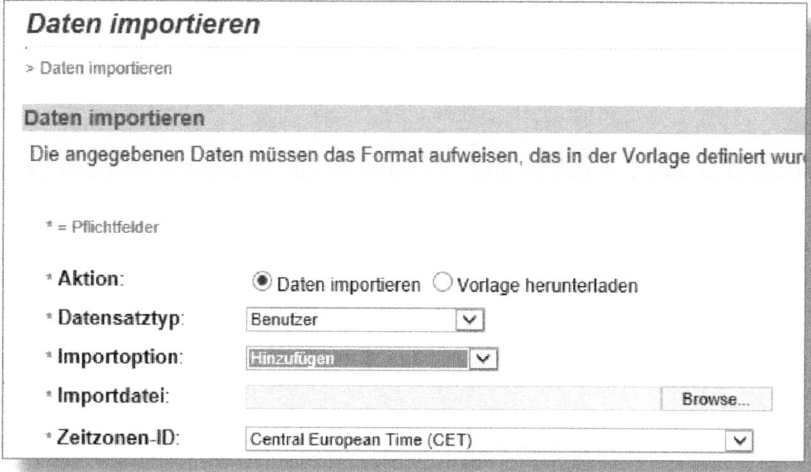

Abbildung 7.32: Upload Benutzerdaten über Import-Tool

Die Importoption gibt an, ob Daten hinzugefügt oder geändert werden sollen. Der Datensatztyp bestimmt nicht nur das Format, d. h. die Spalten, sondern auch das zu aktualisierende Objekt.

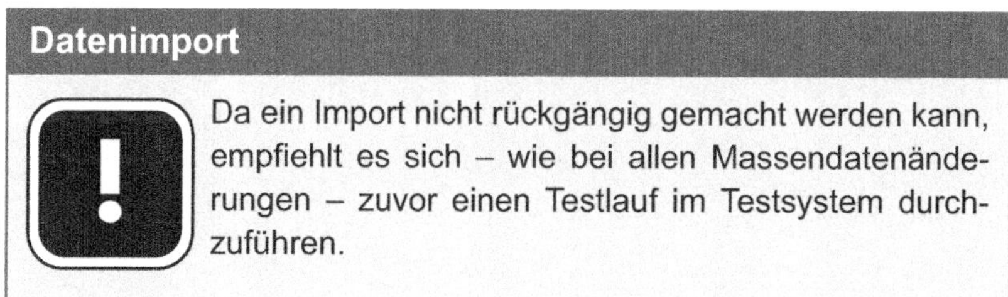

Datenimport

Da ein Import nicht rückgängig gemacht werden kann, empfiehlt es sich – wie bei allen Massendatenänderungen – zuvor einen Testlauf im Testsystem durchzuführen.

7.8.2 Integration-Center

Das *Integration-Center* dient zur Modellierung, Einplanung und Überwachung des Datenaustauschs zwischen den SuccessFactors-Modulen und externen Anwendungen. Es ist primär nicht für den Datenaustausch für das LMS vorgesehen, kann aber neben den zwei Exportformaten

- Employee Export und
- Profile Export

zur Synchronisation der Benutzerdaten in das LMS verwendet werden. Der Benutzerdatenexport über das Integration-Center bietet den Vorteil, Daten filtern und bei der Übertragung anpassen zu können. Dazu müssen zuerst die zu übertragenden Felder im Employee Central definiert und danach den Zielfeldern im LMS zugeordnet werden. Es ist also keine Standardintegration, da in der Praxis ja sowohl im Employee Central als auch im LMS mit Kundenfeldern gearbeitet wird.

Abbildung 7.33 zeigt ein Beispiel der zu übertragenden Daten.

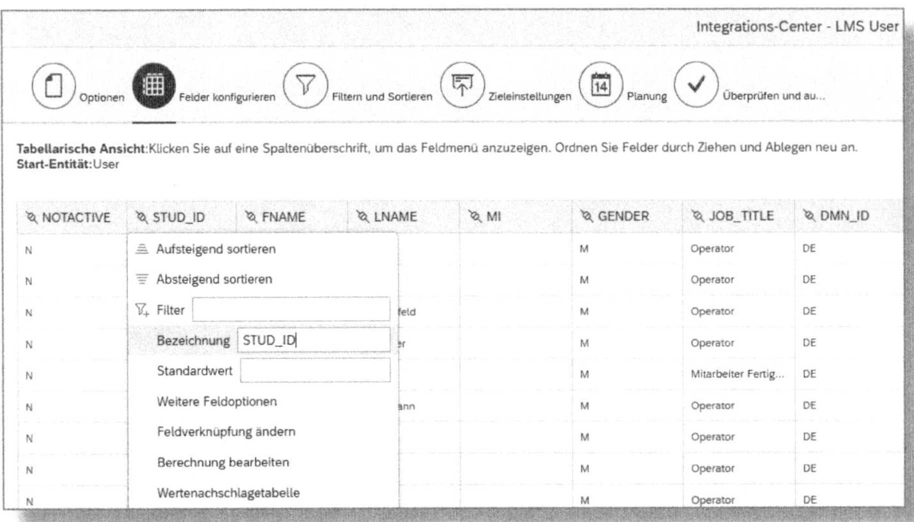

Abbildung 7.33: Modellierung der Datenübertragung

Es werden in diesem Beispiel folgende Informationen exportiert:

- Aktivitätsstatus
- Benutzer-ID

- Vorname
- Nachname
- etc.

Der Export wird als CSV-Datei auf einem Austauschverzeichnis (STFP-Server) abgelegt und dann über einen Konnektor in das LMS importiert. Dieser Import über einen Konnektor ist allen Exportformaten gemein.

Die Synchronisation müssen wir periodisch – es bietet sich ein täglicher Abgleich an, um die Daten möglichst aktuell zu halten – einplanen und überwachen.

Zusätzlich zu den Benutzerdaten können auf diese Weise weitere Informationen in das LMS importiert werden, wie Organisations- oder Kontierungsdaten.

Auch wenn die Modellierung und das Monitoring durch den Editor sehr gut unterstützt werden, zeigt es sich leider, dass das LMS bisher noch nicht vollständig in die SuccessFactors Suite integriert ist, sondern die Stammdatensynchronisation durch den Kunden angepasst werden muss.

7.9 Ausblick

Wir haben gezeigt, wie das LMS die am Weiterbildungsprozess Beteiligten sehr gut unterstützt. Insbesondere die Neugestaltung des Moduls für Mitarbeiter, Vorgesetzte und nun auch Trainingsadministratoren hin zum modernen Fiori-Design haben dazu beigetragen. Dadurch wurden bereits einige Medienbrüche zu anderen SuccessFactors-Modulen beseitigt. Diese Entwicklung des LMS wird sicherlich in den nächsten Jahren seitens der SAP fortgeführt werden, um insbesondere das Reporting weiter zu verbessern.

8 Gesamtfazit

In diesem Buch wurden Ihnen drei Module der Cloud-Software SuccessFactors von SAP vorgestellt. Wir haben aufgezeigt, dass der Implementierungsansatz ein anderer ist als bei der bisherigen HCM-Suite, nämlich ein iterativer, bei dem das System in wiederkehrenden Phasen immer genauer an die eigenen Prozesse angepasst wird. SuccessFactors ist somit eine Standardsoftware, die alle notwendigen Personalthemen abdeckt, und dennoch individualisierbar ist.

Auch wenn das Schaubild 2.1 suggeriert, das SuccessFactors ein einheitliches Softwareprodukt sei, so besteht es tatsächlich aus vielen Einzelprodukten, die aktuell einen unterschiedlich hohen Integrationsgrad in das SAP-System aufweisen – angedeutet durch die Trennlinien in vorgenannter Abbildung. SAP hat hier in den letzten Jahren einen sehr hohen Aufwand betrieben, um die Integration voranzutreiben und SuccessFactors ein homogenes Erscheinungsbild zu geben. Gerade das Release H1/2020 hat dazu einen großen Beitrag geleistet. Dennoch erkennt man nach wie vor die unterschiedlichen Produkte, allen voran das Learning-Modul. Es ist daher wünschenswert, dass SAP möglichst bald ein übergreifendes Reporting gewährleistet. Obwohl durch das Reporting Center oder Cloud Analytics schon einige Verbesserungen erfolgt sind, ist die SAP diesbezüglich noch nicht am Ende der Entwicklung angelangt.

A Die Autoren

Stefan Endrejat ist Industrietechnologe (Fachrichtung: Datentechnik) und hat seit 2003 bei diversen Firmen die SAP-HCM-Module betreut. Mit der Vielzahl begleiteter Projekte eignete er sich ein breites Wissen über die technische Seite des Personalmanagementsystems von SAP und so ziemlich alle zugehörigen Untermodule an.

Neben diesem technischen Wissen erwarb er über eine Fortbildung zum Personalfachkaufmann wesentliche Kenntnisse, um auch die Fachabteilungen adäquat unterstützen zu können.

Heute betreut Stefan Endrejat das HCM-Modul bei einem mittelständischen, in der ganzen Welt agierenden Unternehmen in Bayern und ist ebendort für die weltweite Einführung von SuccessFactors mitverantwortlich. Er ist verheiratet und hat zwei Kinder.

Nach Abschluss des Studiums der Wirtschaftswissenschaften 1998 mit den Schwerpunkten Personal und Wirtschaftsinformatik war Udo Walsch ca. drei Jahre als SAP Consultant für das Modul HCM bei der IDS Scheer AG tätig, bevor er 2002 in die zentrale IT der Benteler AG wechselte. Dort arbeitet er seither als Inhouse-Berater für IT-Anwendungen im Personalwesen, insbesondere SAP HCM, mit den Schwerpunkten Abrechnung, Zeitwirtschaft und ESS-Szenarien.

2018 führte er die SuccessFactors-Module »Recruiting« und »Learning« ein und betreut seitdem den internationalen Roll-out des Learning-Moduls.

Sie erreichen Udo Walsch über *www.xing.com*.

B Index

F

G

H

I

J

K

L

M

O

P

C Disclaimer

Die in diesem Werk wiedergegebenen Gebrauchsnamen, Handelsnamen, Warenbezeichnungen usw. können auch ohne besondere Kennzeichnung Marken sein und als solche den gesetzlichen Bestimmungen unterliegen. Sämtliche in diesem Werk abgedruckten Bildschirmabzüge unterliegen dem Urheberrecht der SAP SE, Dietmar-Hopp-Allee 16, 69190 Walldorf.

In dieser Publikation wird auf Produkte der SAP SE Bezug genommen. SAP, R/3, SAP NetWeaver, Duet, PartnerEdge, ByDesign, SAP BusinessObjects Explorer, StreamWork und weitere im Text erwähnte SAP-Produkte und -Dienstleistungen sowie die entsprechenden Logos sind Marken oder eingetragene Marken der SAP SE in Deutschland und anderen Ländern. Business Objects und das Business-Objects-Logo, BusinessObjects, Crystal Reports, Crystal Decisions, Web Intelligence, Xcelsius und andere im Text erwähnte Business-Objects-Produkte und -Dienstleistungen sowie die entsprechenden Logos sind Marken oder eingetragene Marken der Business Objects Software Ltd. Business Objects ist ein Unternehmen der SAP SE. Sybase und Adaptive Server, iAnywhere, Sybase 365, SQL Anywhere und weitere im Text erwähnte Sybase-Produkte und -Dienstleistungen sowie die entsprechenden Logos sind Marken oder eingetragene Marken der Sybase Inc. Sybase ist ein Unternehmen der SAP SE. Alle anderen Namen von Produkten und Dienstleistungen sind Marken der jeweiligen Firmen. Die Angaben im Text sind unverbindlich und dienen lediglich zu Informationszwecken. Produkte können länderspezifische Unterschiede aufweisen.

Der SAP-Konzern übernimmt keinerlei Haftung oder Garantie für Fehler oder Unvollständigkeiten in dieser Publikation. Der SAP-Konzern steht lediglich für SAP-Produkte und -Dienstleistungen nach der Maßgabe ein, die in der Vereinbarung über die jeweiligen Produkte und Dienstleistungen ausdrücklich geregelt ist. Aus den in dieser Publikation enthaltenen Informationen ergibt sich keine weiterführende Haftung.

Weitere Bücher von Espresso Tutorials

Margret Fischer:

Fit für Ihre IT-Karriere

- Welcher IT-Job passt zu Ihrer Persönlichkeit?
- Wie kann Coaching Sie bei Ihrer Zielerreichung unterstützen?
- Welche Fähigkeiten werden von Ihnen erwartet?
- Was können Sie von den Größen der Branche lernen?

http://5060.espresso-tutorials.com

Udo Walsch, Lars Möller, Jürgen Schmitz:

Praxishandbuch SAP®-Zeitwirtschaft (HCM-PT)

- Abbildung gesetzlicher, tariflicher und betrieblicher Regelungen
- Implementierungsdetails zum Arbeitsplatz »Personalzeitmanagement« (TMW)
- Vereinfachung durch ESS- und MSS-Prozesse
- Konzipierung von Zeitauswertungsschemen und -regeln

http://5120.espresso-tutorials.de

Marcel Schmiechen:

Berechtigungen in SAP® ERP HCM – Einrichtung und Konfiguration

- Rollen- und Profilvergabe im SAP-Personalwesen
- Aufbau eines HCM-Berechtigungskonzepts
- strukturelle und kontextsensitive Berechtigungen
- SAP-Portalrollen vs. Backend-Rollen

http://5160.espresso-tutorials.de

Marcel Schmiechen:

Berechtigungen in SAP® ERP HCM – Erweiterung und Optimierungen

- Erweiterungen durch Implementierung von BAdI-Definitionen
- Optimierung von Laufzeiten bei der Pufferung struktureller Profile
- Grundlagen der sicheren Programmierung in SAP HCM
- Verwendung und Vorteile der logischen Datenbank

http://5161.espresso-tutorials.de

Wolf Kanngießer:

Formulargestaltung in SAP® HCM – PDF-Formulare mit HR Forms erstellen

- Formular erstellen am Beispiel »Mitarbeiterprofil«
- Gestalten mit dem Adobe LiveCycle Designer
- das Datenkaufhaus MetaNet
- erweiterte Funktionen, Paginierung, einfache Scriptings

http://5198.espresso-tutorials.de

Stefan Endrejat

Personalabrechnung und Administration mit SAP ERP HCM (SAP HR)

- SAP-Personalabrechnung sicher & korrekt ohne externe Dienstleister
- Alle abrechnungsrelevanten Infotypen und Transaktionen
- B2A-Manager – zentrale Schaltstelle zu den Behörden
- Tipps und Tricks für Key-User

http://5201.espresso-tutorials.de

Wolf Kanngießer:

Schnelleinstieg in SAP HCM

- Grundstrukturen des SAP HCM
- Verarbeitung Mitarbeiterdaten
- Grundlagen Organisationsmanagement
- Standardreporting in SAP HCM

http://5267.espresso-tutorials.de